NF文庫
ノンフィクション

新装版

幻の巨大軍艦

大艦テクノロジー徹底研究

石橋孝夫ほか

潮書房光人新社

『幻の巨大軍艦』目次

図版提供／石橋孝夫
写真提供／雑誌「丸」編集部
U. S. Navy・National Archives

幻の巨大軍艦

大艦テクノロジー徹底研究

五〇センチ砲搭載超「大和」型戦艦

第1章

1

中川　務

■戦艦「大和」の後継者

より近代化され太平洋戦争に間に合う改正「超『大和』型」プラン

時代に合わなくなった〝原案〟

史上最大の戦艦だった「大和」型の後継者として、五〇センチ砲を搭載する『超「大和」型』戦艦の計画があったことは、軍艦ファンの間でよく知られている。

この艦の詳細はよくわからないが、五〇センチ砲を連装三基にして、排水量と寸法を「大和」型と同じ程度におさえ、高角砲を新型の長一〇センチ砲とし、速力は二七ノット前後、防御は五〇センチ砲弾に耐える二段防御にする予定だったといわれている。

この構想からもわかるように原案の『超「大和」型』は四六

センチ三連装砲を五〇センチ連装砲に強化し、戦艦同士の砲戦でより優位に立とうという、「大和」型の延長線上の軍艦だったことだけは、はっきりとしている。

しかし、航空機が中心になり、戦艦の主砲の射程よりはるか彼方で戦闘の勝敗が決定するようになった太平洋戦争の現実をふりかえって見ると、本当にそれでよかったのか、疑問がわいてくるのは当然だろう。

結果論だが、現代の目で『超「大和」型原案』をもっと近代戦向きの軍艦に変える余地はなかったのか、一度考えてみたくなった。

無論、『超「大和」型原案』を空母に改造したら、という飛躍は問題外だし、当時の日本の技術力と遊離した高水準の兵器の搭載も空想にすぎる。

昭和十八年ごろ以前の環境に立ちもどって最善の改正案を検討してみよう。そんな制約を設けて素人考えをまとめたのが次のような改『超「大和」型』プランである。

用兵思想の大転換が先決

いきなり決めつけるようだが、軍艦の性能の善し悪しを決め

戦艦「大和」

るのは、どんな使い方をするのか、という点にあるのだと思う。すなわち、先を見通した用兵思想が大事なのであって旧態依然とした水上砲戦をベースに考えている限り、前に述べた『超「大和」型原案』の範囲から出るのは不可能だろう。

あらためて太平洋戦争の実態をのべるまでもなく、巨砲と装甲に象徴される戦艦の時代はもうすぎてしまっていた。

この戦争で戦艦をもっともうまく使いこなした米国の実例を見ると新型の高速戦艦は、空母機動部隊の一部として……すなわち『空母の楯』として活躍している。

どのように考えても、『超「大和」型』の用法はこれ以外になさそうである。

現実では、大艦巨砲主義にこり固まっていた軍令部の頭が、やっとこの方向に変わったのは昭和十九年になってからなのだが、ここでは五年早く昭和十四年にこのような進歩的用兵思想に切りかわり、新戦艦の具体的な計画が始まったという前提で検討を進めることをお許し願いたい。

●防御を現実に則して見直す

『戦艦の防御は、自艦が搭載する主砲に耐える強さにする』というのは、日本海軍が厳密に守った原則である。この考えに立つかぎり『超「大和」型』は「大和」型と同様、集中防御方式という厚い『鉄の箱』を艦の真ん中に置く形になり、前後の区画の防御がどうしてもおろそかになる。

ところがよく見わたすと、対戦相手のノース・カロライナ型〜アイオワ型の米戦艦もいろいろな理由で自艦搭載の主砲弾に対する完全な防御を持っていなかった。

しかも、彼らの主砲の口径が四〇センチだということは、軍令部も正確につかんでいたし、それ以上口径の大きい主砲を搭載しようとしてもパナマ運河通過の関係上、建造がすこぶる困難だと判断していた。

つまり『超「大和」型』はおろか「大和」型の四六センチ砲に匹敵する戦艦すら当分出現しそうになかった。

しかも、空母中心の用兵思想に転換した醒めた目で見るならば、大艦巨砲の競争がこの辺で終息するであろうことは、容易に読みとれたはずである。

とすると幻に近い米国の四六センチ砲や五〇センチ砲艦にそなえるために、五〇センチ弾防御をほどこすのは行きすぎというものである。

そういう現実的認識に立って『超「大和」型』は断然、「大和」型より一段薄い四〇センチ弾防御に変更する。

ここで「大和」型の四六センチ四五口径砲弾と米アイオワ型の四〇センチ五〇口径砲弾が、射距離二万～三万メートルでどのくらい、破壊力が違うかということをチェックすると、当然ながらアイオワ型の方が一五パーセントほど弱いから、それだけアーマーが薄くてすむことになる。

そのような観点に立って防御方針を見直せば、二万三〇〇〇トンだった「大和」型の防御重量は、少なくとも三〇〇〇トンほど軽くなるはずだ。

この余裕重量で『超「大和」型』では、艦の全長の四割弱だった水中防御区画の長さを艦の七割位まで延長し、艦の前後や底部の非防御区画も思い切って強化する。

用兵思想の変化に応じて新しい脅威になった航空機や潜水艦からの爆弾と魚雷に防御重量をふりかえるのである。

このように防御を改正すれば、敵戦艦の主砲弾だけを意識してバイタル・パートという『鉄の箱』だけを厚くし、その前後の防御をおろそかにしていた「大和」型より『超「大和」型』はずっと沈みにくい軍艦になるはずだ。

火力システムの大改正を行なう

●主砲の発射速度を上げる

『超「大和」型』の五〇センチ砲で懸念されるのは、口径の巨大化の反動で発射速度が低下することである。

念のためにチェックすると「大和」型の四六センチ砲の発射速度は一・五発／分で、アイオワ型の二発／分より劣っていた。

砲弾一発当たりの破壊力も重要だが、単位時間当たりどれだけの鉄量を発射できるかということも見すごせない問題である。

『超「大和」型』は、弾薬の運搬と装塡の機力化を徹底して、アイオワ型に匹敵する射撃速度の確保に努力しなければならない。

●副砲を長一〇センチ砲に統一する

かえりみると「大和」型の兵装配置で一番気になるのが、中心線上に置いた一五・五センチ三連装砲二基である。この重要な位置に対空射撃ができない砲を置くのは許されない。

空母機動部隊同士の戦闘では、駆逐艦の洋上雷撃の機会が絶無に近いこと、万一襲撃を受けた場合は、長一〇センチ高角砲

大和型と超大和型の概略要目比較

	大和型	超大和型
排水量	67000t	67000t
機関出力	150000馬力	190000馬力
速力	27kn	29kn
兵装	46cm3連装砲×3	50cm連装砲×3
	15.5cmm3連装砲×4	ナシ
	12.7cm連装高角砲×6	長10cm連装高角砲×16
防御	対46cm弾防御	対40cm弾防御

の一九発／分の射撃速度の速さと一万九〇〇〇メートルの射程に信頼することにして、一五・五センチ砲を廃止し、その跡に長一〇センチ連装高角砲を各二基配置する。これで前後の方向から来襲する艦爆に対する火力が飛躍的に強化されるはずだ。

さらに上部構造物両サイドの一五・五センチ砲も廃止して、ここに高角砲を片舷に六基、合計一六基三二門の長一〇センチ高角砲を搭載する。

また命中率の向上を期するために、「秋月」型駆逐艦と同じ九四式高射装置を、上部構造の前後と左右に計四基配置する。

艦橋まわりと前後の甲板上に楯付の二五ミリ機銃をできるだけ多く搭載して、近接対空火力を充実するのは無論である。

●速力を二ノット早くする

次に問題になるのが、どう見ても機動部隊と行動をともにするのに充分といえない二七ノットという、速力の低さである。これを何とかしなければ空母に随伴した際、支障をきたすのは火を見るより明らかだ。

ここで改めて「大和」型の汽缶の蒸気条件をチェックすると、圧力が二五キロ、温度が三二五度で、当時の水準から見てもかなり平凡である。

ご存じのように蒸気条件が高いほど、機関一トン当たりの発生馬力が大きくなるのだが、「大和」型では『国運を賭する主力艦の機関に冒険はできない』という方針で手堅い機関を採用したため、一五万馬力の出力に止まってしまった。

しかし、米のサウス・ダコタ型が四〇・六キロ、四五四度という条件をクリアーし、「大和」型より二五パーセントも狭いスペースで一三万馬力を発生しているのにくらべると、これは余りにも保守的すぎるのではなかろうか。

そこですでに駆逐艦「天津風」に搭載を決定している四〇キロ、四〇〇度の高温高圧缶の使用実績を確認しながら新戦艦に採用することにし、一五・五センチ副砲の廃止で浮いたスペースの一部を転用して機関部の面積を若干拡張する。

この結果、『超「大和」型』の機関出力は、いっきょに一九万馬力に増大し、速力が二九ノット程度に向上して機動部隊の随伴に充分耐えられるようになるはずである。

エレクトロニクスがカギ
●レーダー兵装を重視する

新戦艦は建造途中から電波兵器の驚異的な進歩を敏感にとらえ、測距儀よりレーダーの搭載を優先的に考えて、前檣楼と後艦橋の高い位置にレーダー檣を設置する。

昭和十八年ごろの日本海軍が実用化していたレーダーは二一号対空レーダーだけで、二二号水上レーダーは、まだ所要の性能を発揮していなかったけれども、近い将来の完成を見越してレーダー檣を強固なものにし、スペースに充分余裕を取って置く。

主砲測距儀に二一号レーダーのアンテナを装着して旋回させたり、大型で重いレーダー機器は戦闘の邪魔だというような姑息な考えでは新兵器を使いこなせない。

同時に光学兵器による夜戦を断念して、「大和」型では八基だった一五〇センチ探照灯を全廃し、夜戦艦橋を廃止する。水上レーダーを駆使する時代にこのような兵装は無用の長物になってしまったことを認識すべきである。

●飛行機搭載能力を残す

機動部隊の一艦としての行動を予期していても、五〇センチ砲を搭載する以上、専用の弾着観測機が必要である。

五〇センチ四五口径砲の最大射程は、四万五〇〇〇メートル以上に達するはずで、檣楼測距儀だけでは遠距離砲戦をコントロールできない。

ただし、「大和」型で六機搭載していた水偵の機数は二～三機で充分である。

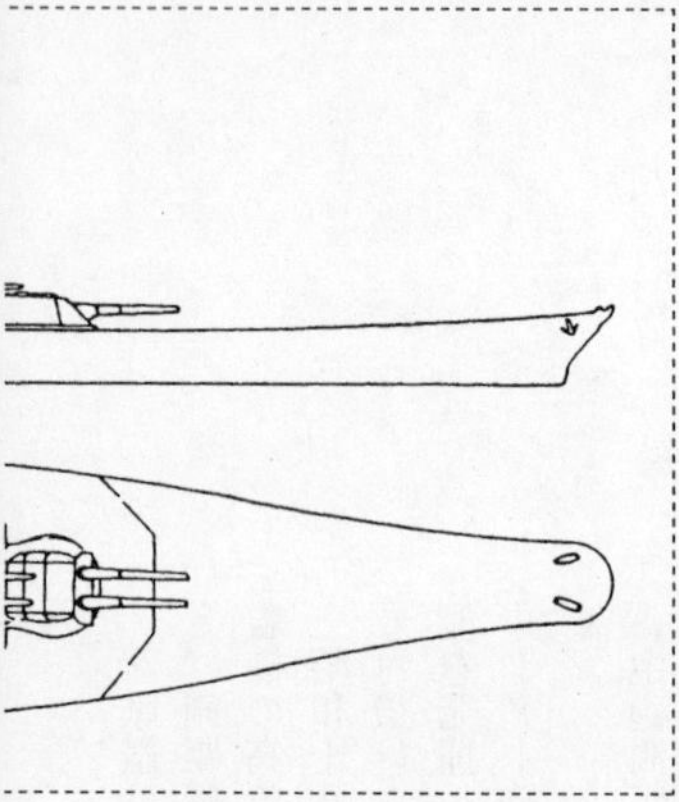

●射撃用レーダーと中距離対空火器の装備

以上の改正で『超「大和」型』は強力な空母機動部隊直衛艦に変身したが、まだいくつか不足するものがある。

太平洋戦争中の日米戦艦の搭載兵器のなかでもっとも差の大きかったのは、射撃用レーダーと四〇ミリ機銃、および近接信管（マジック・ヒューズ）付の対空弾だった。このうち、近接信管は無理だとしても信頼性の高い射撃用レーダーと中距離対空火器としての威力が大きい四〇ミリ機銃だけはどうしても欲しい。

当時の日本の技術力では高嶺の花だったけれども、もしこれらの兵器を搭載できたなら『超「大和」型』はずいぶん有力な戦艦になっていただろう。

戦艦「超大和型」艦型図

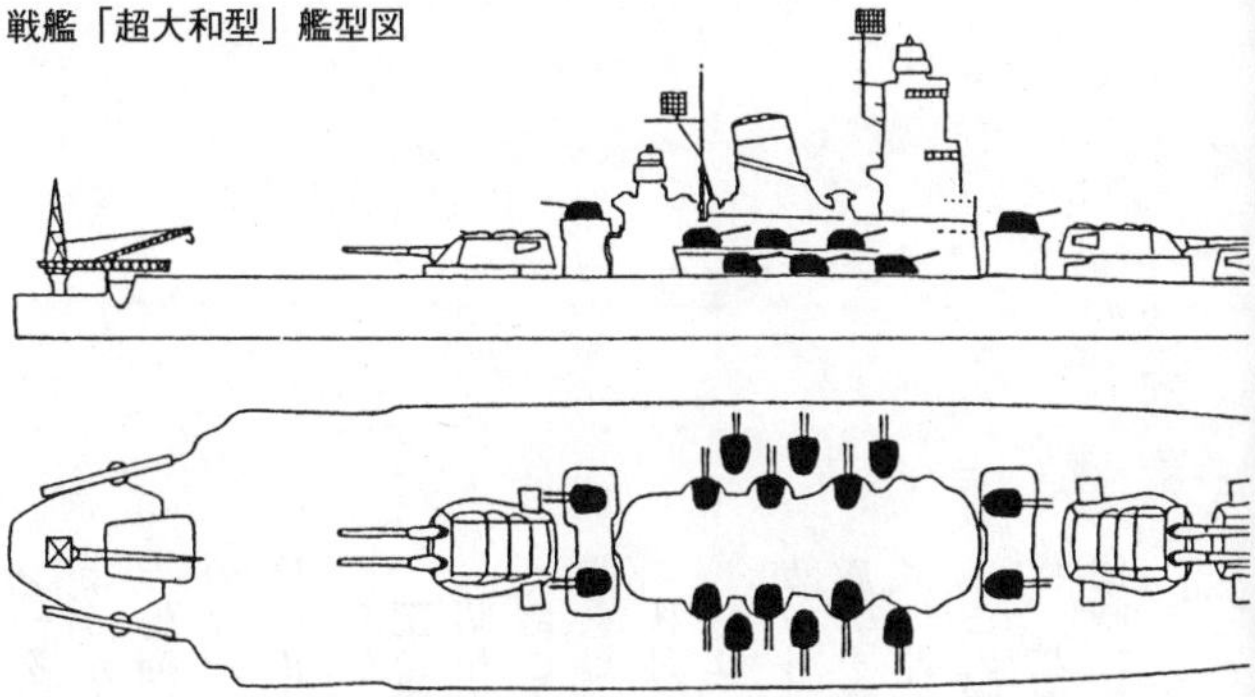

●建造期間を思い切って短縮する

そこで昭和十四年に計画がはじまったと仮定した改『超「大和」型』はいつ竣工するのだろうか。「大和」型でも四年かかったのだから五年位は必要だろうという常識は通用しない。

米国のアイオワ型は三年で竣工しているというと、それは工業力の違いだと反論されるだろうが、そう一概にはいえない。

日米軍艦の建造速度をチェックすると、昭和十五年に両洋艦隊計画ができたころから、米国が急にスピード・アップし、日本と格差が開いてしまった。とくに進水から竣工までのいわゆる艤装期間の短縮がいちじるしく、米国の軍艦建造は開戦以前に戦時体制に入っていたと思われる。

それにくらべて日本の建造体制の何と遅れていたことか、民間造船所の二四時間稼働を認める『工場法』の改正が行なわれたのが実に昭和十八年である。

その後、物資の困窮にもかかわらず、わが国の建艦速度も向上して米国に並ぶほどになったことを思うと戦争前半の日本は『総力戦』という掛け声だけで、人と物を一番必要な部分に集中する努力をおこたっていたとしか言いようがない。

愚痴はこのくらいにして、昭和十四年に建造を決定した空想のなかの『超「大和」型』は、同年中に起工され十八年始めには竣工するものと期待する。

「大鳳」と強力な機動部隊を編成

昭和十八年始め、すなわちガダルカナル島からの撤退を終わったころに就役した『超「大和」型』は、同様の努力で建造期間を短縮した重防御空母「大鳳」とコンビを組み、防空駆逐艦「秋月」型をふくんだ強力な機動部隊を編成する。

ちょうど、米国のエセックス型やインディペンデンス型空母がノース・カロライナ型以降の新戦艦と合体して、おそるべき威力を発揮し始めていた時である。昭和十九年に生起したマリアナ沖海戦はもっと早く起こっていたに違いない。

この時、『超「大和」型』と「大鳳」を主軸とする先遣部隊は、機動部隊本隊のはるか前方に進出して先制攻撃を行ない、同時に敵の攻撃を吸収する。「大鳳」の重防御と『鋼鉄の楯』

としての『超「大和」型』の優れた防御力と対空火力が真価を発揮する瞬間である。

敵の反撃を撃退した先遣部隊は、後方の本隊を発進した攻撃隊の中継基地としての役割を果たしながら反復攻撃を行なう。

万一、敵戦艦部隊が接近することがあれば『超「大和」型』の五〇センチ砲が容赦なく撃破する。

空母と高速戦艦の結合による強靭な防御と攻撃力を求めて『超「大和」型原案』は、このように改正するべきだと考えるのだが……これも日本海軍に対する尽きせぬ郷愁がもたらした真夏の夜の夢なのだろうか。

対米決戦用スーパー巡洋艦計画

第1章

2

梅野和夫

■三万トン甲型巡洋艦計画

軍縮条約の制約から離れた日本海軍の独自の増強計画案

条約明け後の巡洋艦建造計画

ワシントン・ロンドン両軍縮条約は昭和十一年十二月末をもって効力を失い、日本海軍は昭和十二年から軍縮条約の制限から離れて独自の海軍軍備増強が可能となった。これにより日本海軍はふたたび艦艇増強計画に着手し、新型戦艦、航空母艦、巡洋艦、駆逐艦、潜水艦多数が建造された。

巡洋艦については、練習巡洋艦をふくめ、七級二三隻が計画されたものの、実際に起工されたもの四級一一隻、建造取り止め二級三隻、就役したのは三級八隻にとどまり、うち戦闘巡洋艦は二級五隻に過ぎなかった。

昭和十七年度軍備補充計画（⑤計画）で計画された注目すべき新型巡洋艦たる三万三〇〇〇トン級超甲型巡洋艦、八五〇〇トン級乙型巡洋艦、五八〇〇トン級丙型巡洋艦の三級一一隻は計画のみでおわってしまったが、本稿では計画のみにおわった巡洋艦の概要について述べることとするが、まず条約明け以後、改⑤計画にいたる巡洋艦建造動向について簡単にふれておく。

日本海軍はかねてよりアメリカを仮想敵国として海軍力の整備増強を進めており、必要に応じて、その指針となる国防所要兵力の見直しをおこなっていたが、無条約時代となることにそなえて、昭和十一年六月に改訂された国防所要兵力のうち、巡洋艦は重巡二〇隻、軽巡二一隻（水雷戦隊、潜水戦隊旗艦一三隻をふくむ）であった。

これにたいする昭和十一年末の保有量は、重巡一二隻、軽巡二三隻（「最上」型四隻、建造中の「利根」型二隻をふくむ）であったが、軽巡「最上」型および「利根」型は条約明けとともに重巡に改装される計画であったから、実質的には重巡一八隻、軽巡一七隻が実際の兵力であった。

この国防所要兵力を基準として、昭和十二年度以降、毎年度艦艇建造計画が立案され、実行に移されたが、巡洋艦建造は隻

軽巡「阿賀野」

数の充当とともに、新型駆逐艦、潜水艦の就役に伴い、水雷戦隊、潜水戦隊旗艦として通信性能、索敵性能で能力不足となっている五五〇〇トン級軽巡の新型艦への更新が大きな課題であった。

条約明け後、最初に策定された海軍艦艇建造計画である昭和十二年度海軍補充計画（㊂計画）では、「大和」型戦艦二隻、「翔鶴」型空母二隻を基幹とする合計七〇隻、約二七万トンの膨大な艦艇建造計画が実施されたが、巡洋艦については練習巡洋艦二隻が計画された。

これが「香取」型（基準排水量五八九〇トン、一八ノット、一四センチ連装砲二基）で、続く㊃計画、㊕計画でも各一隻が計画され、㊂、㊃計画艦三隻は昭和十五年から十六年に就役したが、㊕計画艦一隻（予定艦名「橿原」）は建造取り止めとなった。なお、練習巡洋艦は先の国防所要兵力の計画外艦である。

引き続き、昭和十四年度海軍軍備充実計画（㊃計画）では、「大和」型戦艦二隻、「大鳳」型空母一隻とともに、六六〇〇トン級乙型巡洋艦四隻、八二〇〇トン級丙型巡洋艦二隻の建造が計画された。

乙型巡洋艦四隻は水雷戦隊旗艦として計画され「阿賀野」型

（基準排水量五六五二トン、三五ノット、一五センチ連装砲三基）、丙型巡洋艦二隻は潜水戦隊旗艦として計画された「大淀」型（基準排水量八一六八トン、三五ノット、一五・五センチ三連装砲二基）で、五五〇〇トン級軽巡「長良」「名取」「鬼怒」「由良」「五十鈴」および二八九〇トン型「夕張」の代艦として計画されたものである。

「阿賀野」型四隻は昭和十七年から十九年にかけて逐次就役したが、「大淀」型は一番艦「大淀」が就役したのみで、二番艦（予定艦名「仁淀」）は建造中止となった。

日米開戦により消滅した㊄計画

昭和十六年度戦時建造計画（㊍計画）では一万七一五〇トン級空母一隻とともに、一万二二〇〇トン級甲型巡洋艦二隻が計画されたが、これが重巡「伊吹」型（基準排水量一万二二〇〇トン、二〇センチ連装砲五基）で、冒頭の国防所要兵力にある甲巡二〇隻の充当艦と思われるが、重巡の計画は昭和二年度計画の「高雄」型以来、一四年ぶりのことであった。

しかし、「伊吹」型は、一番艦「伊吹」は戦局の推移から進水後工事中止となり、後に空母に改装されたが、未成におわり、二番艦(仮称艦名301号艦)は起工後、建造取り止めとなった。

いっぽう、米海軍も膨大な艦艇建造計画を実行中であったが、第一次、第二次ヴィンソン計画に続き、昭和十五年には第三次ヴィンソン計画による一大海軍力増強に着手、さらに十六年にはスタークス・プランと呼ばれる両用艦隊整備計画に着手した。

この米海軍の相次ぐ海軍力増強計画は日本海軍に大きな衝撃を与え、これに対抗して、さらなる戦艦の新規建造をふくむ海軍艦艇増強計画の立案を迫られた。

昭和十五年初頭、第三次ヴィンソン計画に対抗するものとして、昭和十七年度軍備充実第一期計画(㊄計画)の計画原案がまとめられたが、この計画は改「大和」型戦艦一隻、五〇センチ砲装備の超「大和」型戦艦二隻、改「大鳳」型空母二隻、三万三〇〇〇トン級超甲型巡洋艦二隻、八五〇〇トン級乙型巡洋艦五隻、五八〇〇トン級小型巡洋艦四隻の他、「島風」型駆逐艦一六隻、改「秋月」型駆逐艦一六隻等、一五九隻、約六五万トンの計画で、平時計画としては過去最大の建艦計画であった。

また、両用艦隊計画に対抗するものとして第二次計画(㊅計画)が検討されたが、この内容は戦艦四隻、空母三隻、超甲型巡洋艦四隻、甲型巡洋艦一〇隻、乙型巡洋艦一隻、小型巡洋艦一隻他、合計一九七隻、八十数万トンの計画であったが、巡洋艦の具体的計画内容は明らかでない。

この膨大な㊄計画案は、具体的な実行計画着手前に開戦となり、さらに昭和十七年六月のミッドウェー作戦による大型空母四隻喪失という緊急事態に伴い、空母の急速建造が緊急課題となったことから、大幅な見直しを迫られることになった。

㊄計画に代わって、昭和十七年度戦時艦船建造補充計画（改㊄計画）が新たな実行計画となったが、この計画は一万七四〇〇トン級空母一五隻、三万六三〇〇トン級空母五隻を中心とする空母緊急建造計画で、巡洋艦は八五二〇トン級乙型巡洋艦二隻が計画されたのみで、㊄計画原案にあった三万三〇〇〇トン級超甲型巡洋艦、五八〇〇トン級小型巡洋艦は計画中止となった。

しかし、改㊄計画艦も戦局の推移から相次いで建造中止となり、八五二〇トン級乙型巡洋艦二隻も建造中止とされた。

以後の建造計画で、巡洋艦が計画されることはなく、改㊄計画の乙型巡洋艦二隻が、日本海軍が計画した最後の巡洋艦となったのである。なお、㊅計画は具体的計画に着手する前に消滅

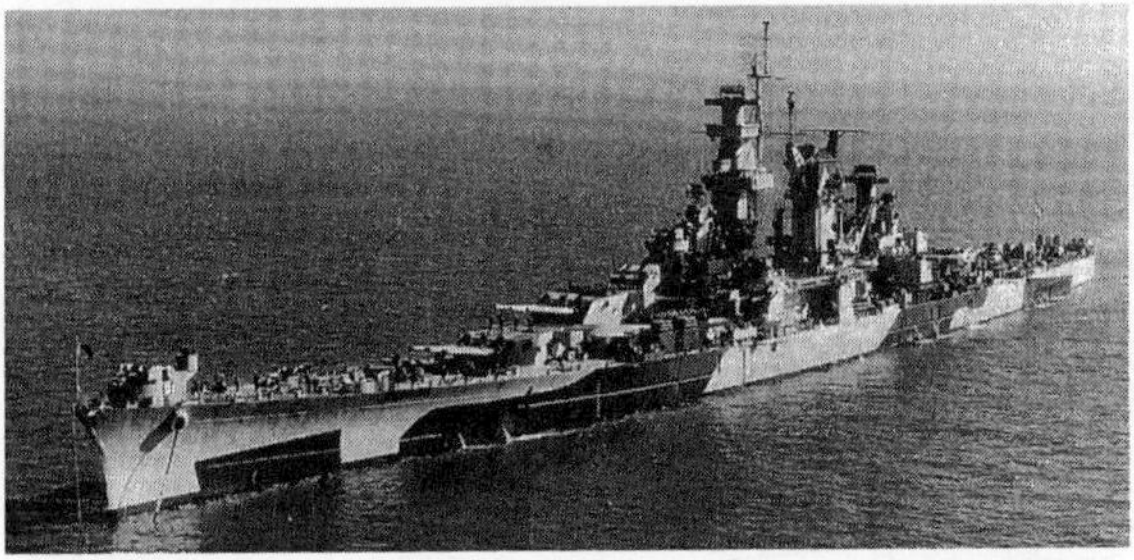

重巡アラスカ

した。

幻に終わった三万トン超甲型巡

前述の通り、米海軍はヴィンソン計画による一大海軍力増強計画を実行していたが、昭和十四年ごろ、日本海軍は米海軍が二万六〇〇〇トン級、三〇センチ砲搭載の超巡洋艦を計画中との情報をえた。これに伴い、これに対抗する三万三〇〇〇トン級超甲型巡洋艦二隻が㊄計画で計画されることとなった。

米海軍は実際に一九四〇年度（昭和十五年度）計画で基準排水量二万七〇〇〇トン、三〇センチ三連装砲三基、速力三三ノットのアラスカ級大型巡洋艦六隻の建造に着手しているが、面白いのは、アラスカ級計画の動機となったのは日本海軍が建造計画中の三〇センチ砲搭載の大型巡洋艦に対抗するためであったとする説があることである。

しかし、前項で述べたように条約明け後の建造計画で三〇センチ砲搭載の大型巡洋艦の計画はなく、日本海軍が米海軍の計画に対抗して超甲巡を計画したとするのが真相であろう。

本型に対する軍令部の要求は、基準排水量三万二〇〇〇トン、速力三三ノット、航続距離一八ノット／八〇〇〇カイリ、三一

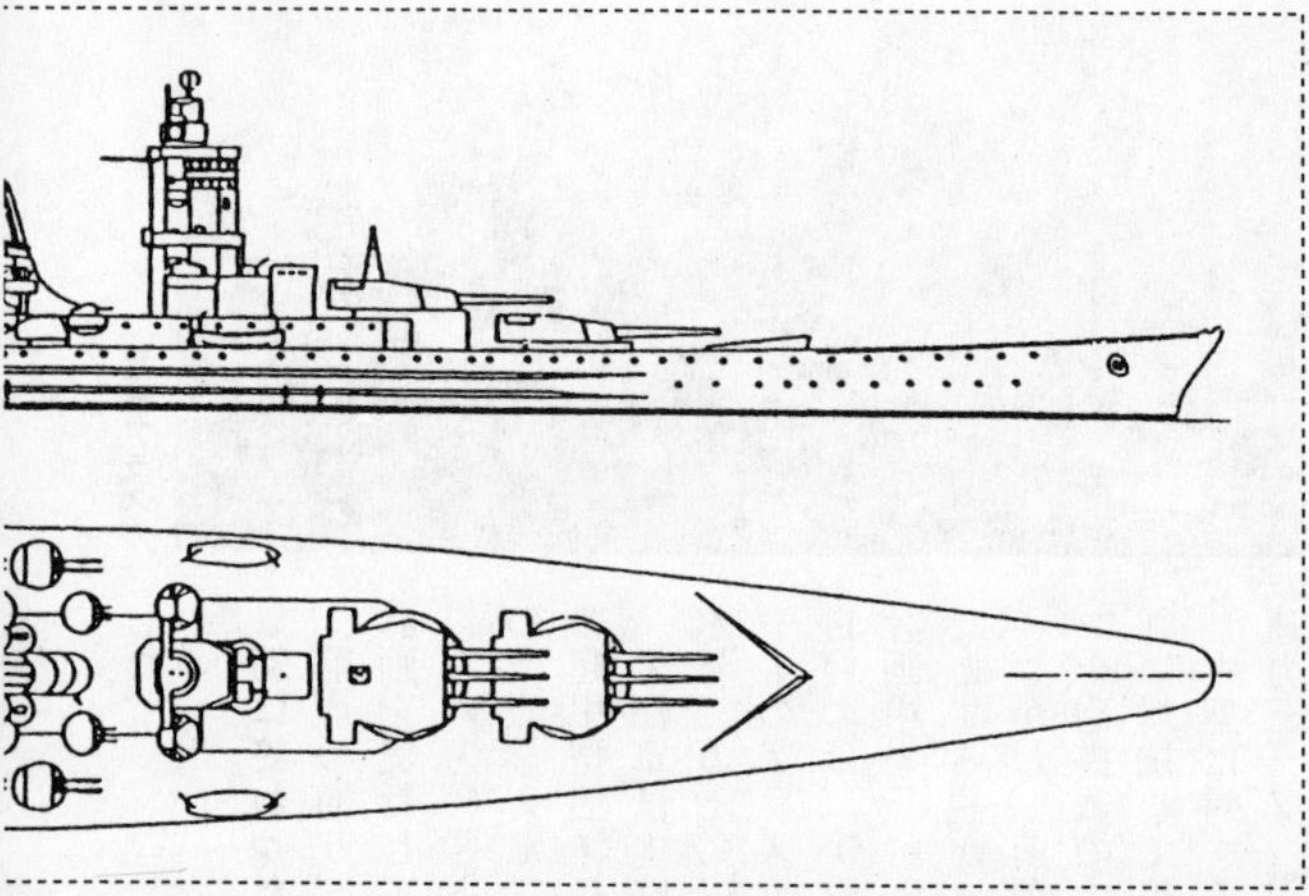

センチ三連装砲三基、長一〇センチ連装高角砲八基、二五ミリ三連装機銃四基、水偵三機搭載とするもので、これにもとづき数案の計画案が検討された。

計画段階で米海軍が建造中の三〇センチ砲搭載の大型巡洋艦を爆破するためには主砲を三六センチ砲とすべきとの意見もでたが、排水量が四万トンを越える大型艦となることから見送られ、最終的に基準排水量三万一四〇〇トン、兵装は五〇口径三〇・五センチ三連装砲三基、六五口径一〇センチ連装高角砲八基、二五ミリ三連装機銃四基、機関出力一七万馬力、速力三三ノット、水偵三機搭載とする基本計画番号B-65で基本計画がまとまり、二隻には795、796の仮称艦名が付与された。

艦型は平甲板型船体、塔型艦橋、傾斜した大型煙突等、全体的に「大和」型戦艦に類似しており、煙突後部に水偵搭載施設および射出機が配置されている。

基本計画B-65

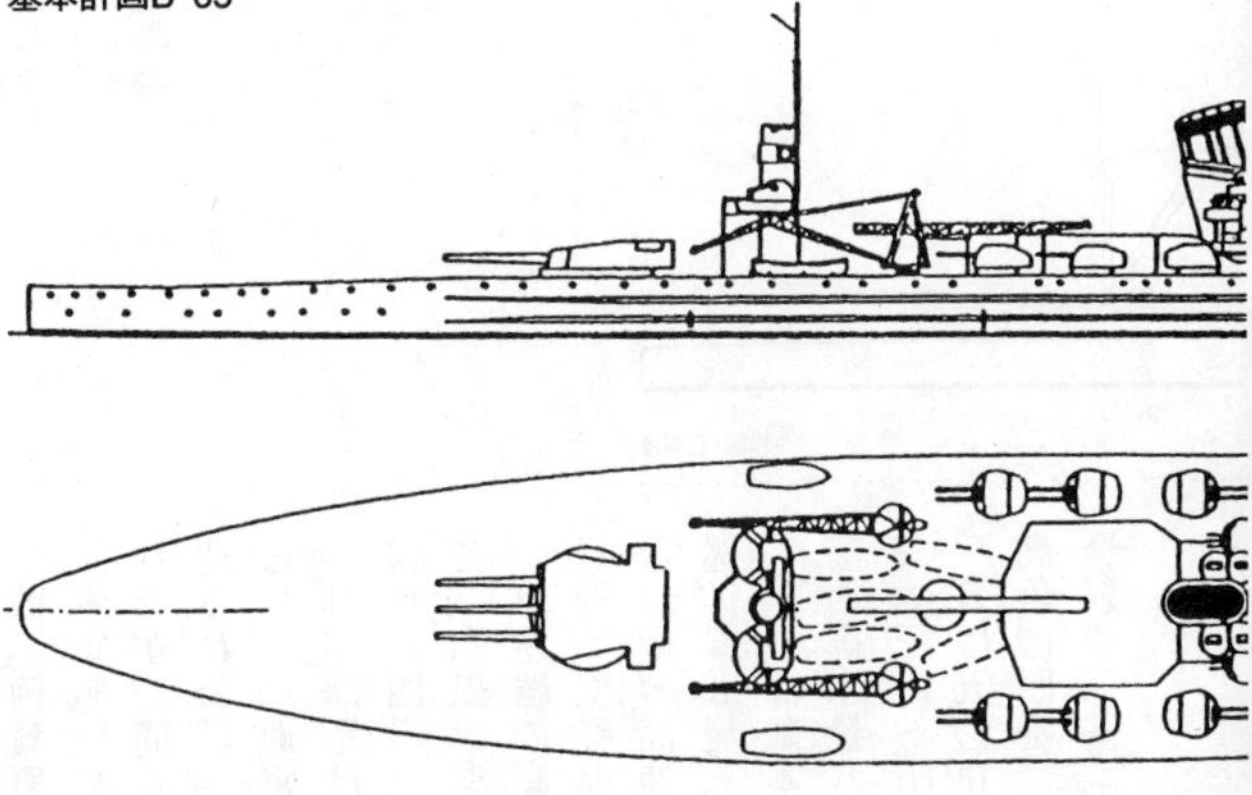

三〇・五センチ三連装砲は前部二基、後部一基装備とされ、長一〇センチ連装高角砲は中央部両舷各四基装備とされた。

舷側防御は対三一センチ砲防御の一九〇ミリ、甲板防御は対八〇〇キロ爆弾防御の一二五ミリであった。主砲の三〇・五センチ主砲は新設計の五〇口径砲で、呉海軍工廠で乙砲の秘匿名称の下に試作に着手し、砲塔の設計、船体装備要領について検討が行なわれたが、三〇センチ三連装砲塔は砲室防御鋼板三五〇トンを含め、旋回部重量は一〇〇〇トンに達し、戦艦「長門」型の四五口径四〇センチ連装砲塔に匹敵する大重量砲塔であった。

なお、本型の運用については、日本海軍の対米基本戦略である漸減作戦の主力たる重巡部隊、水雷戦隊からなる前進部隊の第二艦隊旗艦任務であったといわれているが、第一艦隊第三戦隊の「金剛」型戦艦と同様の運用構想も検討されていたものと推定される。

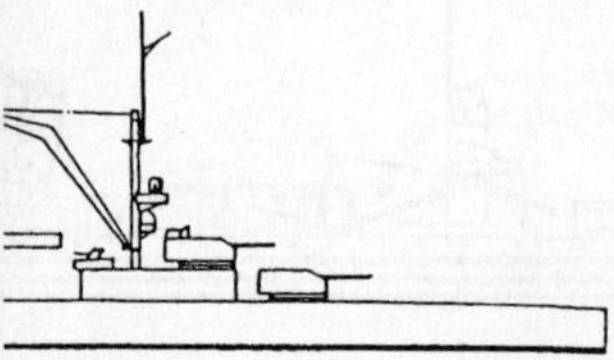

作図・石橋孝夫

改「阿賀野」型巡のプロフィール

水雷戦隊旗艦として㊃計画で「阿賀野」型軽巡四隻が建造されたが、同計画で四〇ノットの高速駆逐艦一隻（「島風」）も建造された。「島風」は海外各国の新型艦艇の高速化の動向に対応して高速駆逐艦の試作艦として建造されたものであった。

日本海軍は㊃計画、(急)計画で建造する「夕雲」型以後の駆逐艦から四〇ノット級の高速駆逐艦を建造することとし、㊄計画で「島風」型高速駆逐艦一六隻の建造を計画した。

駆逐艦の高速化に伴い、建造中の最高速力三五ノットの「阿賀野」型軽巡では、水雷戦隊旗艦として能力不足となることから新型の高速軽巡が必要とされ、㊄計画で八五〇〇トン級乙型巡洋艦五隻（仮称艦名810～814号艦）が計画されたものである。

本型は基本計画番号C-44として基本計画が進められたが、基準排水量八五二〇トン、主機出力一五万三〇〇〇馬力、最高速力三七・五ノット、航続距離一八ノット／六〇〇〇カイリ、兵装は五〇口径一五センチ連装砲四基、五五口径八センチ連装高角砲四基、二五ミリ三連装機銃三基、六一センチ四連装魚雷発射管二基（魚雷搭載数一六本）、水偵二機搭載とする計画要目

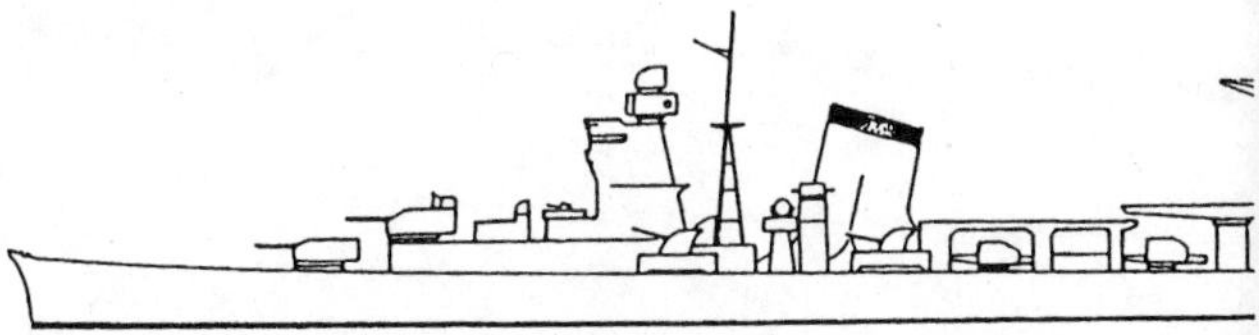

でまとめられた。

なお、本型は三七・五ノットの高速を発揮するため、一五万三〇〇〇馬力の大出力主機が搭載されることとなっていたが、これは六万四〇〇〇トン級の「大和」型戦艦の一五万馬力を上回る機関馬力である。

本型は改「阿賀野」型ともいわれているが、艦型、兵装、上構配置は阿賀野型とほぼ同じだが、一五センチ連装砲一基増備に伴い、後部主砲を背負式に二基配置とした点が異なる。前項に述べたとおり、㊄計画艦五隻は計画中止となったが、改㊄計画で八五二〇トン級二隻（仮称艦名5037、5038号艦）が再度計画されたものの、これも建造中止となった。

米海軍は一九三八年度計画でアトランタ級軽巡洋艦（基準排水量六〇〇〇トン、一二・七センチ連装両用砲八基）四隻の建造に着手し、その後の計画艦をふくめ、一一隻が建造された。

㊄計画の五八〇〇トン級小型巡洋艦四隻（仮称艦名815〜818号艦）はアトランタ級に対応する防空巡洋艦として計画されたもので、備砲は六五口径長一〇センチ連装高角砲四基とする計画であったといわれているが、これ以上の詳細な計画内容は残念ながら明らかでない。

日本海軍は昭和十二年ごろから艦隊防空用対空直衛艦の研究を行なっており、軽巡「天龍」型、「由良」型の防空巡洋艦への改造設計、新型防空巡洋艦の概略設計等が行なわれた。その後、㊃計画で艦隊防空艦たる乙型駆逐艦（基準排水量二七〇〇トン、六五口径長一〇センチ連装高角砲四基）が建造され、軽巡の改装、新型防空巡の建造計画は見送られた。

この時の新型防空巡の概略設計案では基準排水量七一一五トン、兵装は長一〇センチ連装高角砲一二基（艦前後部に各三基、中央部両舷各三基装備）とする案で、米海軍のアトランタ級に匹敵する有力な防空巡洋艦であった。

この概略設計案に比較すると、㊄計画艦の長一〇センチ連装高角砲四基装備は艦型に比較し、いささか物足りないが、他に航空兵装、魚雷兵装を装備する計画であったのだろうか。しかし、建造計画があまりにも遅過ぎた観は免れない。

軍縮で潰えた列強モンスター戦艦

第1章
3

石橋孝夫

■日米英の恐るべき戦艦プラン

ドレッドノートに始まる世界の建艦競争の頂点に立つ艨艟

ド級艦時代の大建艦競争

近代戦艦史という観点から見た場合、一九〇六年に出現した英戦艦ドレッドノートは、一八六〇年以来続いてきた装甲艦の発達、大艦巨砲レースを大きく加速させる結果となったことは、だれしもが認めることであろう。

英海軍の例でいえば、一八六一年の最初の装甲艦ウォリアー（九二一〇トン）の排水量が一・五倍になるのに、最初の近代的戦艦といわれたロイアル・サブリン（一万四一五〇トン）の出現まで実に約三〇年を要していた。

ところが、ドレッドノート（一万七九〇〇トン）の排水量が倍になるのにわずか一〇年しか要していない事実は、この間の激しい競争を如実に物語っていよう。

ちなみに、排水量でドレッドノートの二倍に達した最初の艦は、一九一六年の戦時計画により建造された巡洋戦艦フッド（四万一二〇〇トン）である。

一国の海軍における建艦計画において、艦型の拡大は単に建造費用の問題だけではなく、その建造施設、完成後の入渠施設まで考慮する必要があり、そう簡単なことではない。

ドレッドノートにより始まった建艦競争は、特に欧州において英独の熾烈な建艦競争を誘起し、それが第一次世界大戦勃発の要因の一つともなったのであった。

ドレッドノート時代ともいわれるこの時期の各国の建艦競争は、結局、一九二二年のワシントン条約の締結まで約一五年間続くことになる。

当初、英独の競争で始まった建艦競争は、第一次世界大戦勃発後は太平洋をはさんだ日米の建艦競争に移行した。

第一次大戦休戦後、英国がこれに追従せんとしたものの、実際には大戦で疲弊した国力はこの競争に耐えられず、米国を巻き込んで軍縮条約の招聘をはかり、日米英仏伊五ヵ国による、

巡洋艦「筑波」

海軍軍備制限条約が締結されて、終焉をむかえることになるのであった。

この間、日米の建艦競争において、艦型と主砲口径の増大はピークに達し、後の第二次世界大戦前の最後の戦艦時代に再出現する巨艦が、数多く計画、建造されたのであった。

日本が待望した「八八艦隊」案

日本においては日露戦争中に最初の国産主力艦「筑波」を建造したのを契機に、主力艦の国産化に移行、次の「薩摩」では排水量的には当時世界最大の戦艦で、ドレッドノートを上回る巨艦であったものの、ド級艦への移行は遅れをとっていた。日露戦争後の主力艦兵力は量的には戦利艦で水脹れしたものの、質的には列強の後塵を拝していた。

こうしたことで、日本海軍は一二インチ砲搭載の初期ド級艦を「河内」型のみで卒業、一挙に一四インチ砲搭載の超ド級艦に切り換えることとなる。一九一三年に英国で完成した巡洋戦艦「金剛」は、外国建造の最後の主力艦で、同時に世界最初の一四インチ砲搭載艦でもあった。

同型の「比叡」「榛名」「霧島」の三隻は国内で建造、同時期に建造された戦艦「扶桑」型は、当時としては世界最大の排水量（三万六〇〇〇トン）を持つ戦艦であった。

このように、明治末期ごろより日本海軍の軍備計画が精鋭化しだしたのは、太平洋をはさんで米国との摩擦が増幅、明確な仮想敵国として米国がターゲットになったためで、以後日本海軍の軍備はすべて米海軍を相手に策定されることになる。

この骨子になったのが八八艦隊案で、艦齢八年未満の戦艦、巡洋戦艦各八隻より構成した艦隊を中核とした、海軍軍備計画が明治四十年（一九〇七年）の国防方針で決定された。

単純に八八艦隊というが、艦齢八年という条件内に八隻ずつの戦艦、巡洋戦艦を整備するのはそう簡単なことではなく、建造期間が長すぎるか建造間隔が空くと八隻という数を規定艦齢内にそろえることは容易ではない。

たとえば、建造期間を三年と想定すると、毎年一隻ずつの戦艦と巡洋戦艦を起工したとすれば、艦齢八年以内の八八艦隊が完成するのが一一年後で、翌年には早くも一番艦は艦齢に達する。これが三隻ずつなら七年で完成するが、完成後は一年をおいて毎年二隻ずつの建造ペースを四年間継続するパターンを続けないと八八艦隊は維持できないわけで、実際に厳密に艦齢内

戦艦「金剛」

艦を規定数維持するのは容易ではないことがわかろう。

計画はたびたび議会の反対で不成立となり、最初の八四艦隊案が成立したのが大正六年（一九一七年）と実に一〇年を経ていた。しかし、以後は加速度的に大正七年、八六艦隊案が成立、待望の八八艦隊案は大正九年（一九二〇年）に成立をみた。

これには、一九一六年、米国で三年計画と称する戦艦一〇隻、巡洋戦艦六隻を中心とした海軍軍備拡張計画が議会に承認され、米海軍の優位がますます増大することに危機感を感じたからにほかならなかった。

結果的に八八艦隊の一、二番艦となったのは「長門」と「陸奥」であるが、この二隻は世界最初の一六インチ砲（四〇センチ砲）搭載艦としても著名である。

日本海軍は一四インチ砲で世界最初の「金剛」を造り出したが、米国のテキサス級戦艦もほぼ同時に一四インチ砲を採用した経緯もあり、主砲口径レースは次に一六インチ砲に進むのは時間の問題であった。

「長門」型は計画直後に欧州におけるジュットランド海戦の戦訓がつたわり、防御計画の見直しを余儀なくされるが、基本計画は英国のクイーンエリザベス級にならった高速戦艦であり、計画速力二六・五ノットは「金剛」型巡洋戦艦に劣ることとわずかに〇・五ノット、当時としては思い切った速力仕様であった。

「長門」型の改正計画は、平賀譲造船中監が担当したもので、平賀デザインの特質はどちらかというと攻防、運動力のバランスをくずさずに、最強の攻撃力を盛り込むことに留意するという優等生的デザインで、艦型そのもの、または全体のアレンジメントを根本的に変えるといった思い切った発想はなく、よくいえば堅実な基本計画に終始したといってよかった。

平賀デザインの二つの未成艦

平賀が最初に基本計画をまとめた「土佐」型戦艦は改「長門」型といえる艦で、ポスト・ジュットランド型戦艦として防御計画を基本的に改正、速力は「長門」型を維持したものの、攻撃力では連装砲塔一基を増やして一〇門艦となり、これを常備排水量で約六一〇〇トンの増加、三万九九〇〇トンで実現した。

「土佐」が起工された大正九年（一九二〇年）二月、当時、英国では一九一六年計画の巡洋戦艦フッド（四万一二〇〇トン）が完成間近であったから、世界最大の戦艦ではあったものの、

戦艦「土佐」

世界最大の軍艦ではなかった。

しかし、その実力はフッドの比ではなく、これもほぼ同時期に米国が起工した、サウス・ダコタ級戦艦（四万三二〇〇トン）がそのライバルであった。

「土佐」と「加賀」は、それぞれ三菱長崎造船所と神戸川崎造船所で建造されたが、当時、日本にはこのクラスの大艦を建造できる施設は、民間ではこの二ヵ所しかなく、海軍の呉工廠と横須賀工廠の二ヵ所を合わせても、同時建造は四隻が限度であった。

船体、機関以外にも、主砲と甲鈑の製造も建造期間を左右する要因の一つであったが、この時期までに呉工廠と室蘭の日本製鋼所の二ヵ所での製造施設が整備されて、同時四隻建造体制に追従できる能力を有していた。

「土佐」と「加賀」は約三年の建造期間で、大正十一年末から翌年初めに（一九二二〜二三年）に完成を予定していたが、大正十年末に進水したものの、ワシントン軍縮会議の開催により以後工事を中止、「土佐」は各種実験に用いられた後自沈処分、「加賀」は「天城」のかわりに空母に改造されて、昭和の日本海軍まで生きのびる運命にあった。

「土佐」型に次いで起工された「天城」型巡洋戦艦は、実質的には高速戦艦といってよく、「土佐」型と同じ兵装のまま速力を三〇ノットに高めたもので、排水量の増加をわずかに一一〇〇トンにとどめて設計をまとめることができた。

日本の軍艦で最初に四万トンを超えた大艦であるが、常備排水量四万一〇〇〇トン、全長二五二メートル、全幅三一・三メートルは当時、世界最大の軍艦であった英巡洋戦艦フッドよりわずかに小さく、速力三〇ノットは当時のライバル、米国が建造中の巡洋戦艦レキシントン級(四万三五〇〇トン、三五ノット)を意識した決定と平賀はいっている。

防御は「土佐」型に若干劣るものの、先の「長門」型より優っているというが、平賀デザインの特徴の一つが、攻撃力、防御力にくらべて運動力、特に速力に対する評価が低く、この場合レキシントン級と同じ三五ノットを得るために、主砲塔を一基減じた案がなかったことに、それを見ることができる。「天城」型の一、二番艦の「天城」と「赤城」は大正九年末、横須賀および呉工廠で起工、約一年後に三、四番艦の「愛宕」「高雄」が起工されたものの、後にいずれも工事を中止、「赤城」のみが空母として完成した。

「天城」型四隻に次いで戦艦「紀伊」型四隻が設計を終え、起工を予定していたが、いずれにしろ、「天城」型四隻の進水が終わらないかぎり、船台は空かず、一、二番艦は製造訓令が出ていたものの、いずれも起工にいたらずに終わった。

本型は艦型的には「天城」型と全く変わらず、寸法的にも水線幅と吃水以外は変化ない。常備排水量で一六〇〇トンを増加させ、速力をわずかに〇・二五ノット低下させただけで、「土佐」型と同等以上の防御力を備えたといわれている。

名実ともに完全な高速戦艦仕様だが、日本海軍の場合、八八艦隊といいながら、この時期、戦艦、巡洋戦艦の区別が明確でなくなり、用兵的に明確な戦術上の役割区分が希薄になっていたことを物語っていよう。

一八インチ砲の幻の巡洋戦艦

さて、八八艦隊最後の巡洋戦艦四隻、正式には第八～一一号艦といわれる四隻は、製造訓令未済のまま建造取り止めとなっているので、正式に基本計画が完成して承認を得るにいたらなかったものと推定される。

平賀の遺稿集においても、この型についての明確なデータは残されておらず、ただ、主砲として一八インチ砲の採用は必須の条件であったらしく、速力三〇ノット、「天城」型とほぼ同等の防御力を備えたとして、常備排水量は四万七五〇〇トンが最小艦型と試算している。

当然、艦型の増大は、建造費の増加を来すだけでなく、建造施設の能力を超えるおそれもあり、この辺が限界と考えられたものであろう。

主砲の一八インチ砲は、すでに大正九年に口径四八九ミリ（一九・三インチ）四七口径という巨砲の試作を完了、試射では九発めで尾栓が吹き飛ぶ事故があったものの、その後砲架構造の試作を続行、一八インチ砲の製造には自信を得ていた。

本型では一八インチ連装砲四基を前後に二基ずつ搭載、副砲以下は「天城」型と同等とされていた。連装四基ということで先の「長門」型を一本煙突としたような、水平甲板型船体の完成予想図を福井静夫氏が発表しているが、これを裏付ける資料はない。

正に八八艦隊「幻の巨艦」であるが、もし完成していれば、「大和」に先立つ、世界最初の一八インチ砲搭載戦艦または巡洋戦艦として知られたと思われるが、当時、英米でも一八イン

18インチ砲を搭載する八八艦隊最後の巡洋戦艦の想像図（福井静夫・画）。

チ砲の採用が実際に検討されていたから、採用は時間の問題でもあった。

かくして、日本の八八艦隊案は一、二番艦の「長門」「陸奥」を残して、後のワシントン条約によりすべて消え去る運命にあったものの、財政的には当時の日本がこれに耐えられたかは多分に疑問であった。

そして、一八年後に日本海軍は再度「大和」型戦艦の建造で世界戦艦史上空前絶後の大艦巨砲を実現するのであった。

米三年計画の世界最強戦艦群

一方、この時期、米海軍は一九一五年に、増強をはかる日本海軍および欧州大戦に対処して、五年間に毎年一億ドル以上の予算を要す一大建艦案を計画、戦艦一〇隻、巡洋戦艦六隻を中核に各種艦艇一八六隻の建造案を議会に提出、承認された。

しかし、一九一六年にいたって、ジュットランド海戦の報はより危機意識を助長、時の海軍長官ダニエルスは先の建艦計画を、五年から三年に短縮して完成する案を提出して承認された。

これを一般に三年計画と称して、日本の八八艦隊案と対比して論じられるのが普通である。

ドレッドノート時代において、米海軍は一九一五年までに一二インチ砲搭載艦八隻、一四インチ砲搭載艦一一隻を計画、一九一六年度に最初の一六インチ砲搭載艦四隻の建造を承認されていた。これはほぼ日本と同じタイミングで主砲口径をアップしていったもので、隻数的には日本をかなり上回っていた。

ただし、建造テンポはそう早いわけではなく、たとえば一九一六年に承認された一六インチ砲搭載のコロラド級にしても、翌年に起工されたのはメリーランドのみで、一九一九年にいたってコロラドとワシントンが、ウェスト・バージニアにいたっては起工されたのは一九二〇年になってからであった。

これは工業力の優った米国においても、こうした大艦を建造できるのは海軍工廠四ヵ所、民間造船所四ヵ所ぐらいしかないためで、ただし、同時に二隻建造能力のある工廠もあったから、単純にみても日本の倍以上の造船能力は有していた。

三年計画における新戦艦サウス・ダコタ級一〇隻は、基本的には前級のコロラド級の拡大強化型で、最終案での常備排水量は四万三二〇〇トン、全長二〇八メートル、幅はパナマ運河閘門通過のため三二・三メートルに押さえられた。

主砲は前級のマーク1／一六インチ四五口径に代えて、新た

戦艦サウス・ダコタの想像図

に設計したマーク2／一六インチ五〇口径砲が採用され、砲の威力は日本の八八艦隊案の諸艦の搭載した三年式四五口径四〇センチ砲より優っていた。本型ではこの砲を三連装として四基一二門を搭載、艦型の決定したこの時期の日米英新戦艦の中では最強の兵装を有していた。

基本レイアウトは前級に準じたものだが、副砲はこれまでの五インチ砲を廃して、新たに当時オマハ級軽巡の主砲として開発された、六インチ五三口径砲を採用、中央部舷側部のケースメイト部に一二門、他に四門はシェルターデッキにシールドなしで装備された。

防御力は、前級並みの重装甲を踏襲、さらに水平防御はより強化がはかられており、直接防御では「紀伊」型を上回っていた。

速力はこれまでの米戦艦の標準速力であった二一ノットを脱皮して、初めて二三ノットとされたが、これは日本の「長門」型の速力が二六・五ノットであったのを秘匿して、二三ノットと公表したのを真に受けたものらしく、米海軍の情報部は太平洋戦争後まで「長門」型の新造速力を知らなかったという。

本型の主機は、当時の米戦艦のスタンダードともいうべき、電気推進方式を採用、機関配置上の有利さや航続距離の延長、水中防御力の強化、機関操作の簡便化等のメリットを強調したが、後に通常のギアード・タービンにもどることになる。

本型の建造テンポは遅く、三年計画どころが一〇年計画を要するといわれたように、条約締結時に進水を終えていた艦はなく、このまま建造が進んだら後期建造艦は、一八インチ砲艦に変更されたことも予想された。

米海軍も一八インチ砲には関心があり、第一次大戦終了時ごろに最初の一八インチ四八口径（マーク1）の試作に着手、ワシントン条約で一時的に休止したものの、一九二六年に完成して試射をおこなっていた実績があった。一九一九年の艦船局の試案には本型の主砲を一八インチ連装砲に換装したスケッチが残っており、米海軍における一八インチ砲搭載艦の出現は、日本にそう遅れてはいなかった。

この時期もう一つの米海軍巨艦は、レキシントン級巡洋戦艦である。

当初の計画では本型は三万二〇〇〇トン、一四インチ砲八門搭載、速力三五ノット、舷側甲帯五インチというきわめて防御の薄弱な、英国のレナウン級またはカレイジャス級に近い思想

巡洋戦艦レキシントン

の艦であったが、ジュットランド海戦の結果、軽防御は否定され、たびたび計画を変更した。最終的にサウス・ダコタ級戦艦を上回る常備排水量四万三五〇〇トン、全長二六六メートルの大艦になり、主砲も一六インチ五〇口径砲八門に強化、速力を三三・二五ノットにおさえて、防御力を強化した本格的巡洋戦艦として起工された。また本型の煙突は、原計画では七本煙突という奇抜なものであったが、最終的には二本煙突艦に落ち着いた。

搭載する一六インチ口径砲は、最大仰角四〇度という当時としては思い切った大仰角で、最大射程は四万メートル前後に達し、二万メートルで一三・五インチ甲鈑を打ち抜く威力があり、ワシントン条約後の既成戦艦近代化で日本海軍がもくろんだ、仰角拡大による射程増加によるアウトレンジ戦法のお株をうばうものがあった。

こうしてみると、三年計画米主力艦の砲力は、砲威力、射程とも完全に日本海軍の八八艦隊構成艦を上回っており、実際に「天城」型、「紀伊」型の諸艦が、これらの米主力艦と交戦したら苦戦はまぬかれなかったように思われる。

起工された六隻はいずれも進水前に条約により廃棄されたが、

最も工事の進んでいたレキシントンとサラトガは後に空母に変更完成された。

英の高速戦艦G3プラン

一九一八年末、第一次世界大戦がドイツ側の敗北により休戦となったとき、英海軍は三三隻のド級戦艦と九隻の巡洋戦艦を保有していた。これは隻数で言えば、当時の日米仏の保有ド級艦すべてを合算したものにほぼ等しく、量的には何の不足もなかったものの、一九一六年五月のジュットランド海戦の洗礼を受けたのは、わずかに当時建造中であった巡洋戦艦フッドのみであった。

おりから、米国では三年計画が、日本では八八艦隊議会に承認されて、一六インチ砲搭載の新戦艦、新巡洋戦艦がジュットランド海戦の戦訓を加味した設計のもとに続々と計画されていた情報は、英国にも伝わっていた。

前述のように英国保有艦のすべては、最大でも一五インチ砲を搭載するのみで、防御力は臨時に補強を施したとはいえ、とてもこうした日米のポスト・ジュットランド型の新戦艦・巡洋戦艦に太刀打ちできないのは明らかで、このままではかつての

G3プランの巡洋戦艦

ドレッドノートの出現時のように在来艦すべてが陳腐化しかねない危機を感じないわけにはいかなかった。

第一次世界大戦に勝利したとはいえ、英国の国力は疲弊しており、この時期に日米に対抗して大規模な建艦計画をもつだけの余裕はなかった。

が、大英帝国の面子にかけても指をくわえているわけにもいかず、新戦艦のスケッチプランの検討が開始された。

当時の英海軍造船部長は、第一次大戦の戦時計画を担当して令名の高かったサー・E・T・ダインコートで、一九二〇年六月に最初のLプランが提示、以後その年内にL2、K、M、I、H等の各種プランが検討された。

常備排水量で四万四五〇〇～五万三一〇〇トン、速力二三・五～三三・五ノットとバラエティに富んでいたが、主砲はすべて一八インチ砲で統一し、三連装または連装で九～八門搭載とされていた。

一八インチ砲について英海軍は、大型軽巡洋艦フュリアスに搭載した同四〇口径砲の実績を有していたので、四五口径砲についても製造に不安はなかったらしいが、三連装砲塔については初めてのデザインのため、一九二一年にモニターのロード・

クライブに一五インチ砲による試作三連装砲架を搭載して、テストを実施した。

最終的に選択されたプランは、一九二〇年十二月から翌年一月に提示されたG3案で、巡洋戦艦型で排水量四万六五〇〇トン、速力三三ノット、主砲は一八インチ砲を断念、一六・五インチ砲という中途半端な口径を選択したものの、一九二一年八月の海軍省承認最終案では、排水量は四万八四〇〇トンに増大、主砲は一六インチ砲に後退、速力も三一ノットにダウンした高速戦艦仕様となっていた。

本型は当時の日米新戦艦にくらべて、保守的な英国としては思い切った集中防御策が採用され、バイタ・ルパートを極力限定して効果的な防御を施すために、主砲を三連装三基として、これを艦の前半部に集中配置し後半部に機関区間を配した、極端なレイアウトが採用されていた。

前部砲塔群の間には射撃指揮装置を配した艦橋および司令塔構造物が置かれ、副砲の六インチ砲はすべて連装砲塔装備とされ、後部両舷に三基ずつ、艦橋両側に一基ずつを配した艦型は、当時の日米の新戦艦にくらべて、きわめて先進的なもので、ジュットランド海戦を体験した当事者としての革新ぶりが感じられた。

排水量四万八四〇〇トン、全長二六三メートルは日本の第八号巡洋戦艦を上回る巨艦で、舷側甲帯は一四インチ、防御甲板八インチ等防御的には重装甲で知られる米戦艦を上回るものがあり、特に水平防御に意を用いていた。

ただし、本型が本当に建造された場合、計画速力三一ノットはとても無理と予想したのは、後の造船部長グッデールであった。

さらにこれほどの巨艦になると、入渠用のドックもままならず、本国以外にもマルタ、ジブラルタル、シンガポールといった海外の拠点基地にドックを用意する必要があった。

英海軍は一九二一年十月に本型四隻をスワンハンター、ベアードモア、フェアーフィルド、ジョンブラウンの四社に発注したが、これは多分にワシントン軍縮会議に備えたジェスチャーといってよく、一ヵ月後に中止命令、さらに翌年二月に正式にキャンセルされている。

同時に一六インチ主砲と砲塔もアームストロング、エルジック工場とビッカース社に発注されたが、これは結果的に後のネルソンとロドニー用に転用された。

かくしてG3は幻の巨艦に終わったが、以後英海軍で本型を上回る戦艦は出現しなかった。本型と同時に一八インチ砲九門搭載、四万八〇〇〇トン、速力二三ノットの戦艦N3という案もあったが、これは完全に机上のプランに終わっている。

とはいっても、英海軍はG3で試みた集中防御型戦艦を、ワシントン条約で特例として新造を認められた、三万五〇〇〇トン型戦艦ネルソン級に具体化することができたのであった。

*

以上、ワシントン条約により、日米英三大海軍の未成戦艦、巡洋戦艦についてふれてみた。当時の主力艦計画は、多分に各国の主任造船官の力量に左右されることが多いが、反面、第一次世界大戦による多くの戦訓、大落下角弾や爆弾に対する水平防御策、魚雷に対する水中防御策等、潜水艦、航空機といった新たに出現した兵器体系に対抗する対策を盛り込むことが要求された。

このため各国とも、戦利艦や廃艦を利用した砲撃、爆撃、雷撃等の実艦的実験データを収集して、設計の裏付けとしたのはいうまでもない。

英国では最新のドイツ戦艦バーデンを用いた各種実験、米国ではこれもドイツ戦艦オストフリースランドを用いた爆撃実験が有名であるが、日本ではこれといった有力な実験実績はなく、かつ第一次大戦の戦訓反映も、英国海軍等の当事者にくらべると甘さがあったことも否定できない事実であった。

こうしてみると、こうした各国主力艦をすべて葬り去ったワシントン条約の意義を再認識するのも、今日、八八艦隊を架空シミュレーション小説でしか知らない大部分の日本人にとって必要なことであろう。

ドイツが挑んだ謎の二二万トン戦艦

第1章

4

石渡幸二

■ヒトラーが夢見た巨大戦艦

人類が最後に挑戦した知られざる大戦艦建造の責写真

ドイツ設計技術陣の自負

一九六一年の暮れ、米海軍の原子力空母エンタープライズが就役するまで、史上最大の軍艦の栄誉は、わが戦艦「大和」「武蔵」のうえにあった。基準排水量六万四〇〇〇トン、満載排水量七万二八〇九トンという数字は、たとえ米海軍が計画したモンタナ級戦艦（基準排水量六万五〇〇〇トン、満載排水量七万五〇〇〇トン）、英海軍が計画したライオン級戦艦（基準排水量四万トン）が実際に完成したとしても、ついに凌駕《りょうが》できない巨大なものであった。

しかし、ここにモンタナ級やライオン級と同じく、結局は実現を見なかったものの、計画数値からいうと、はるかに「大和」「武蔵」をしのぐ超巨大戦艦の建造が、第二次大戦中のドイツで、かなり真剣に考究された興味ぶかい史実がある。

当時の戦況や、軍事全般の必要度から考えて、今日振り返ってみても、その実現の可能性は非常に薄かったと思えるが、計画だけに終わったとしても、このような超巨大艦が、単なる空想としてではなく、専門技術者の手で造船技術的に成算ある設計案としてまとめられつつあったという事実は、大方の艦船愛好家にとって、すこぶる興味ぶかいものがあろう。

以下、ついに日の目を見なかったこのナチス・ドイツの超巨大戦艦（それは万一実現していたら、今日の米原子力空母といえども、とうてい比較にならないほどのマンモス艦であった）について、すこし具体的にその設計内容にふれてみることにするが、記述の便宜上、まず第二次大戦に突入する直前のナチス海軍の軍備拡張計画から筆を起こそう。

計算を忘れたヒトラー

ドイツが一九三九年九月、ポーランドに侵攻して、第二次大戦の幕が切って落とされた時、ドイツ海軍の有する艦艇勢力は、

迷彩をほどこして出撃するドイツ海軍最大の戦艦ビスマルク。

英国に対してはもちろん、フランスに対しても、数的にきわめて劣勢であった。

海軍力の劣勢は、ナチス首脳部にとっても大きな心配の種だった。いずれは伸るか反るかの一戦を、英仏と交えるべく営々と国力の充実につとめてきたドイツではあったが、ヒトラーの再軍備宣言後なお日の浅い、当時の海上兵力は、質的にはともかく、数的にみて英仏海軍とへだたりがありすぎた。

一九三七年、この点を心配したヒトラーは、海軍総司令官のレーダー提督に命じて、抜本的な海軍拡張計画を立案させた。

そして、この命令にもとづいて同年三月策定された計画こそ、有名なZ計画とよばれる大規模な建艦計画である。

その内訳は、

戦　　艦　六隻
巡洋戦艦　三隻
重　　巡　三隻
軽　　巡　一七隻

空　母　四隻

潜水艦　二二一隻

駆逐艦、水雷艇、掃海艇など多数

というもので、これらを、一九三八年より一〇ヵ年以内に完成させようというのである。これには当時、すでに再軍備宣言下に、着々と建造中だった戦艦以下多数の艦艇（ビスマルク、ティルピッツなど）は、ふくまれていなかった。

さて、以上の建造隻数からもわかるように、これはきわめて厖大な計画であり、予定どおり実現すれば、英仏およびソ連にとって非常な脅威となったであろうことは疑いない。

しかし、混沌たる国際政治状態の推移と狂的なナチスの制覇欲は、この計画が実を結ぶ以前に、自ら進んで、劣勢な海軍兵力のまま、戦乱の渦中に、まっしぐらに突入する事態を招来したのである。

十分な軍備の成算もなしに、熱狂的に戦争を挑発していったヒトラーの、冷厳な計算を欠いたデモーニッシュな戦略指導を、ここであげつらう余裕はないが、われわれがいま問題としている超巨大戦艦は、実はこのZ計画から糸をひいて生まれだした。

土台となったH原案

ナチス海軍はその新造戦艦を計画順序にしたがって、艦名とは別個に、一連のアルファベット記号で呼んでいた。すなわち、ドイッチュラント以下のポケット戦艦（正式呼称は装甲艦。のち重巡に艦種を変更）三隻がA、B、C、シャルンホルスト、グナイゼナウがD、E、ビスマルクとティルピッツがF、Gの呼称で呼ばれていた。

Z計画による戦艦六隻には、このあとを継いで、H、J、K、L、M、Nの呼称があたえられ、いずれも一九四四年完成を目途に、Z計画策定後、詳細設計を迅速に進めて、HとJの二艦は、一九三九年の夏、それぞれハンブルグのブローム・ウント・フォス社とブレーメンのデシマーク寸で起工された。艦名はHが、フリードリッヒ・デア・グローセ、Jがグロース・ドイッチュラントと命名される予定であったという。

起工時の両艦の主要目は、

満載排水量　五万五四四〇トン
全　長　　　二七八メートル
最大幅　　　三七・二メートル
満載吃水　　一〇・一メートル

で、主砲はドイツ海軍としては最初の四〇センチ砲を八門（連装四基）搭載し、他に一五センチ砲一二門（連装六基）、一〇センチ高角砲一六門（連装八基）を備え、主機はディーゼルで、三軸、出力一五万馬力、速力三〇ノットであった。

防御は対四〇センチ砲弾として、舷側甲鉄の厚さは三〇〇ミリである。

以上の要目数字からみると、主機にディーゼルを採用し、一九ノットの巡航速力における航続距離が、実に一万六〇〇〇カイリに達するという顕著な特徴はあったものの、大きさの点では「大和」に、およばなかった。

ただ速力が速いため、艦の全長は「大和」より一五メートル長くなっているが、満載排水量では一万七〇〇〇トン以上も少ない。

したがって両艦は、起工後、工事が順調に進んで、予定どおり四年ないし四年半後に竣工したとしても、米海軍のアイオワ級に匹敵する堅艦でこそあったが、まだ「大和」「武蔵」の塁を摩するにはほど遠い存在として終わったはずであるが、起工直後に第二次大戦が勃発したことが、両艦の運命を大きく狂わせてしまった。

第1図　戦艦H41の機関配置（ディーゼル12基により三軸を駆動している）

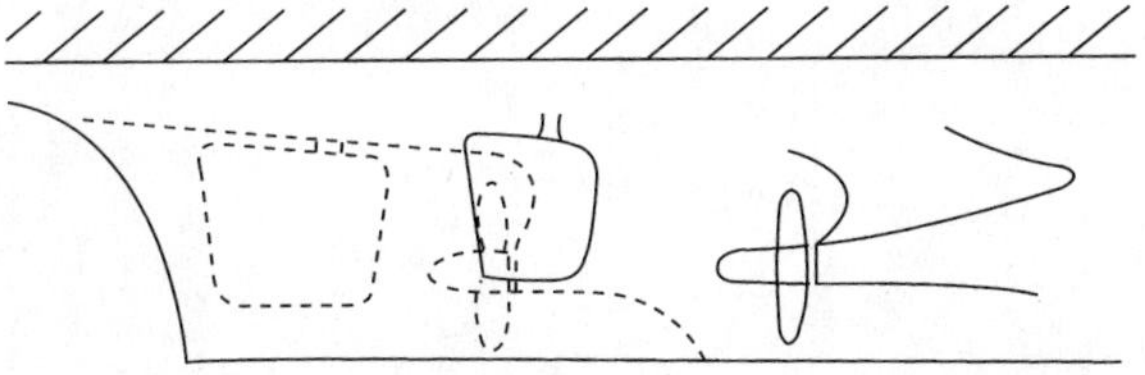

大戦の勃発とともに、まだ建造に着手したばかりの両艦は、完成までになお長い年月と、莫大な費用を要するため、さしあたり不要不急の計画として、工事を中止されてしまったのである。

しかし両艦の建造は、そのまま放棄されてしまったわけではない。その後の戦局の推移に応じて、いろいろと、その設計は再検討され、工事の再開も幾度かくわだてられた。「大和」をしのぐ超巨大戦艦、最終的には実に基準排水量一二万トン以上という驚くべき設計案は、この過程から生まれてきたのである。

満載排水量五万五〇〇〇トンあまりの艦が、終局的には一二万トンと、二倍以上にふくれ上がるまでには、その中間にさらに三つの改正設計案が介在している。

すなわち一九四一年にH原案を改正したH41案ができ上がり、さらに翌四二年にこれを改めたH42案が立案されたが、いずれも工事に着手するにいたらないまま、四三年にはH43設計、四四年には最終の改正案となったH44が生まれているのである。

結局、一九四一年以降毎年判で押したように、実際の建造にまで手がつけられた、H、Jの両艦を土台に、改正設計案が出されたわけで、この間、排水量はすでに第一回の改正案である

H41で、「大和」「武蔵」をしのぎ、満載排水量七万六〇〇〇トンとなったが以後、年を追うごとに艦型は大型化の一途をたどり、最後のH44でその極限に達した。

ここにH原案をふくむ五つの設計で、どのように排水量が増大していったかを列記してみると、次のようになる。

H　満載排水量五万五四四〇トン
H41　満載排水量七万六〇〇〇トン
H42　満載排水量九万トン（基準排水量八万三二六五トン）
H43　満載排水量一一万一〇〇〇トン（基準排水量一〇万三三四二トン）
H44　満載排水量一四万一五〇〇トン（基準排水量一二万二〇〇〇トン）

お家芸の大馬力機関

さて、以上の数字を一覧して、われわれの関心のおもむくところは、最終設計案たるH44が、一四万トン以上という図体のなかに、具体的にどんな威力を秘めていたかという点であろう。

H41〜43の設計内容にも、いろいろと興味ぶかい点があるが、かぎられた紙面で逐一それらにふれていくことはできないので、

第2図　戦艦H41の特殊な艦尾船体構造

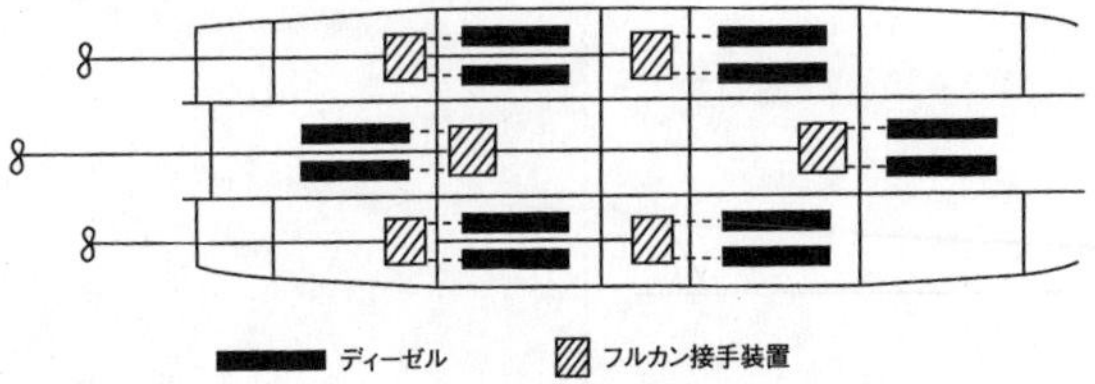

ここでは最終の、そして最大の艦型たるH44に焦点をしぼって述べてみたい。

しかしH44は、ナチスの崩潰も目前に迫った、一九四四年の計画であるため、その記録資料で今日まで残されているものは少ない。

引用するに足る資料の多く残されているのは、当然のことながら、戦前に設計の完了したH原案、および最初の改正案たるH41に関するものであるが、幸いなことには、以後の改正設計にも、艦型のいちじるしい膨張にかかわらず、幾多の面で、H原案ないしH41にみられる設計上の特長が引きつがれているので、その大要はここから類推できる。

主機にディーゼルを採用して、航続力の延伸をはかっている点、艦尾の船体形状を、いわゆるダブル・スケッグ式構造として、雷撃をうけても操舵の自由を失うおそれの少ないように配属されている点などは、ほぼ設計案全体に共通した、とりわけ大きな特徴といえよう。

Hの主機関はディーゼル一二基で、これを第1図のように配置し、四基のディーゼルがフルカン接手を介して、各一コの推進器を駆動する方式であった。図で明らかなように、機関室は

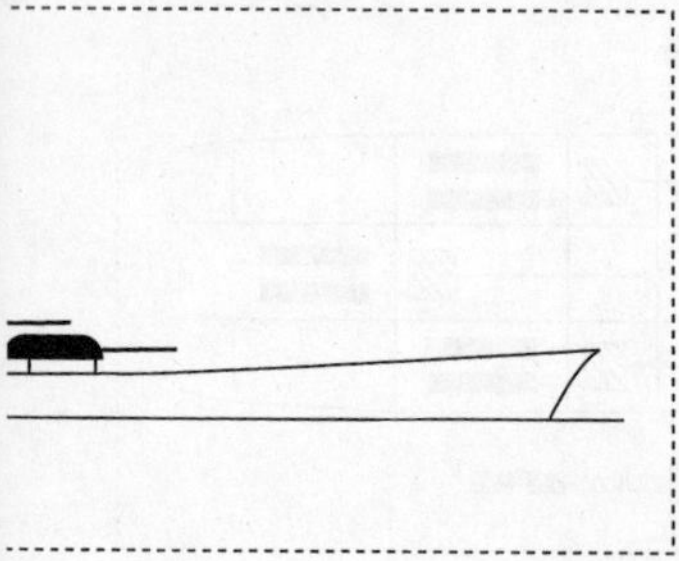

横に三列にならべられ、さらに多くの横隔壁によって細かく区分されている。

H41からは、排水量がいちじるしく増大し、しかも速力は原案と同等、またはそれ以上の高速が要求されたので、ディーゼルだけでは、その達成が困難なため、タービン機関を追加して、ディーゼル、タービンの併用艦となった。

すなわちH41では、軸数は同じ三軸であるが、ディーゼル八基で両舷軸を、タービン機関で中央軸を駆動する方式に変わり、H42からは軸数をもう一つ増やして四軸となり、左右軸はディーゼル、中央の二軸はタービン駆動となった。

もう一つの大きな特徴は、艦尾の船体形状に見られる、独特のダブル・スケッグ方式である。これは第2図にしめしたように、カットアップの部分に、一対《つい》の大きなスケッグが張り出していて、その間に中央軸、主舵を配置した、他に例を見ない特異な構造である。

これは推進機と舵を、魚雷の直接被害から守るための工夫であるが、思えば、一九四一年五月、ビスマルクが魚雷を受けて舵を損ない、操舵の自由を失ったことから、ついに沈没の悲運に陥った苦い経験に基づいて生みだされた設計であった。

第3図　超大戦艦H44の完成予想図

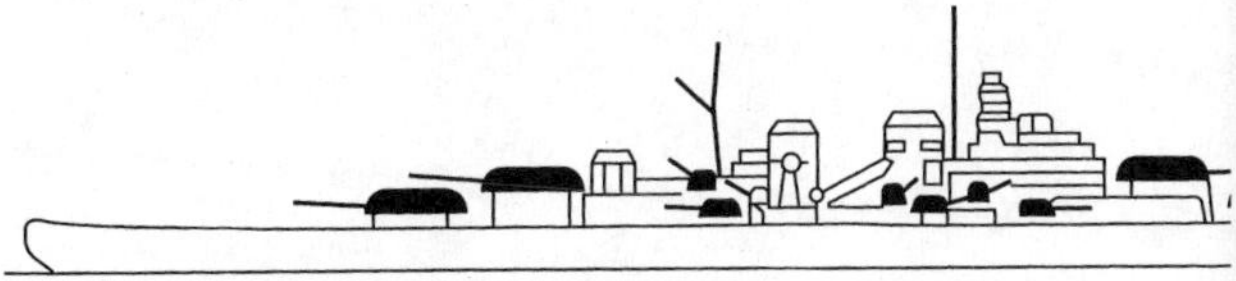

まさに巨大な海上要塞

さて、それでは史上空前にして絶後と思われるH44の要目はどんなものであったか。ここにその驚くべき要目数字をならべてみよう。

基準排水量　一二万二〇〇〇トン
満載排水量　一四万一〇〇〇トン
垂線間長　三四五・一メートル
最大幅　五一・五メートル
深さ　二一・〇メートル
吃水　一二・六メートル
出力　二七万五〇〇〇馬力
速力　三〇ノット
兵装　五〇・八センチ砲八門（連装四基）、一五センチ砲一二門（連装六基）、一〇センチ高角砲一六門（連装八基）、魚雷発射管六門（水中）

これらの数字を、たとえば「大和」の垂線間長二四四・〇メートル、最大幅三八・九メートルなどという数字と、逐一比較してみれば相異のほどは明白である。

主砲には五〇・八センチの超巨砲を採用しているが、これは太平洋戦争の勃発直前に、わが国で計画された改「大和」型戦艦二隻が、主砲を五〇センチ砲としたのと軌を一にしている。

魚雷発射管は水中固定式で、前部吃水線下の両舷に三門ずつとりつけられた。シャルンホルスト型や、ティルピッツにも魚雷発射管は搭載されていたが、いずれも水上式であったのを、この型で水中式に変えたのは、被弾時の誘爆の危険性を考慮したためであろう。

舷側甲鉄には三八〇ミリのクルップ式表面硬化甲鈑を用い、これを垂直にとりつけた。これは「大和」が四一〇ミリの甲鈑を、内下方に二〇度傾斜させて装着しているのに比べると、疑いもなくかなり劣るものであるが、その代わりに、下甲板の舷側部を下方に傾斜させて、舷側甲鈑の下端に接合させ、この部分に一五〇ミリの装甲を施して、強固な二段防御としている。

魚雷防御については、すこぶる周到な方法を採用し、吃水線下の船体は外板の内方に、さらに五層の縦隔壁を設け、この間の区画は外側から、空所、重油タンク、空所、予備補機室、空所とされ、その内側にはじめて機関室があらわれるという、徹底したものであった。

二十世紀のスフィンクス

以上がH44の概略であるが、その艦型略図を第3図にしめした。美しいシアラインをもった、平甲板型の長大な船体、前後の中心線上に背負式に配置された五〇・八センチ連装砲塔、中央部両舷に集中された副砲と高角砲群、コンパクトにまとまった艦橋構造物等の印象は、全体として、シャルンホルスト以降のドイツ戦艦とよく似ており、いかにもゲルマン的な一種荘厳な艦容であるが、ここで不思議に思われるのは、どうしてこのような巨大艦の設計が、戦況はなはだ不利で、各戦線において敗色歴然としてきた、一九四四年にいたってなされたかということである。

戦艦の建造は、どんなに工事をスピードアップしても、一年や一年半でできるものではない。ましてや、このH44のような超巨大艦になれば、なおさらのことである。しかも時代はすでに、明らかに戦艦種の終焉を告げていた。

このような時期に、少なくとも建造に数年を要する巨大戦艦の設計がどうして推進されたかは、不可解な謎というほかない。

超大戦艦ソビエツキー・ソユーズ

田村俊夫

第1章

5

■スターリンが望んだ巨大戦艦

日本の「大和」級につぐソビエト海軍の超大戦艦の秘密

全長は「大和」クラスを上まわる

第二次大戦の直前に日・米・英・仏・独・伊・ソの七大国は競って新戦艦の建造を行なっていた。このうち最大・最強の戦艦は唯一、四六センチ砲を搭載した日本の「大和」型であることはいうまでもなかろう。

ここで完成した戦艦と未完成であったが、とにかく起工されていた戦艦のうちで「大和」と「武蔵」に次ぐ大きさの戦艦は何であったであろうか。

この答えは意外にもソ連のソビエツキー・ソユーズ級が「大和」型に次ぐトン数で、「大和」の基準排水量六万二三一五トンに対し、五万九一五〇トン、同じく「大和」の満載排水量七万二八〇九トンに対し、六万五一五〇トンであった。

「大和」よりやや小さいけれども、全長二六九・四メートルは「大和」の二六三メートルよりも長く、また、最大幅三八・九メートルも、「大和」の最大幅と同じであり、速力も二九ノットを発揮するという知られざる巨大艦であった。

ソ連邦が崩壊し新生ロシアとなり、これまで明らかにされていなかったこれらの艦艇について各種の資料や写真が公開され、徐々にその姿が明らかになってきている。ここで、これらの資料に一部、推定を加えて考えていくと、これはスターリンの大海軍構想によるものであったといえよう。

彼は海軍力がソ連の威信を高めるために必要と考え、ソ連海軍の再建のためバルト海、黒海、北洋、太平洋の四つの艦隊の再建に着手し、多くの艦艇の建造をくわだてた。

特に戦艦の建造を行なってソ連が高度の工業力を有する国家であることを示し、ソ連の国際的威信を高めようとしたのである。

戦艦を建造することは、いわば科学の粋をあつめ、その国の持つ経済力、工業力をはじめ、科学、技術、あらゆる分野の全ての能力を総合・結集し、それが一定の水準を越えて初めて可能であったからである。しかし、当時のソ連に果たしてそれだけの力があったのであろうか。

一九二八年及び三三年から始まった第一次及び第二次五ヵ年計画は、それまでのソ連の工業基盤を大きく向上させたが、自国で戦艦を建造するにはまだ多くの困難があった。

戦艦建造に関するソ連の動きは、まず外国に発注して建造することであり、次に自国で建造する際に必要とする設計や図面、仕様書さらには主砲、砲塔、装甲板、射撃指揮装置等を購入することであった。

「大和」型に次ぐ排水量をほこったソ連のソビエツキー・ソユーズ級戦艦。

この努力は一九三〇年初めから始まった。ソ連が交渉を持った国のうちで大きな影響を受けた国は米国とイタリアであった。

ソ連は新戦艦を米国で建造できないか、また、設計を購入できないか、仕様書、図面、必要な装備品を購入できないかと米国政府の了解を得て、米国の商社や造船所等と交渉を行なっている。これにより数種類の設計を購入できたが必要な装備品の購入については進展がなかった。

ソ連の最新の技術を盛り込んだ戦艦の建造要望についても米海軍の反対があり、ソ連の妥協もなかったため結局、米国での戦艦建造は実現しなかった。

一方、イタリアとはアンサルド

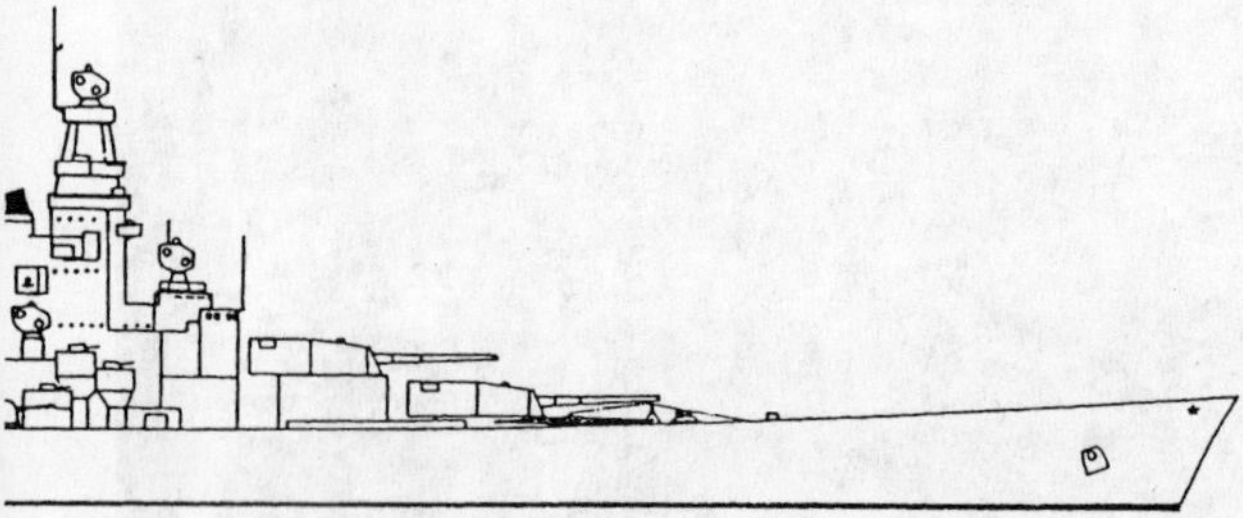

作図・石橋孝夫

社との間に交渉が行なわれた。同社がソ連の発注により行なった戦艦の設計のうちU・P・41といわれる設計には驚くべきものがあった。

この設計は一九三六年七月に完了したが、なんと、この時に同社で建造中であった戦艦ヴィットリオ・ヴェネトを改良した設計で、基準排水量は四万二〇〇〇トンとほぼ同じであったが全ての点で、このイタリアの戦艦よりも優れていた。

主砲はイタリアの三八センチ砲九門が四〇センチ砲九門となり、副砲以下の砲もイタリアの戦艦より強力で、装甲や水中防御についても強化・改善されていた。また、馬力も増加して速力もアップしていた。

この設計はその後のソ連の戦艦の設計に大きな影響をあたえたものであった。

ソ連はまた、フランスの兵器製造所のシュナイダー社とも接触し、同社に四〇センチ砲の発注を打診している。この他、一九三八年にはチ

ソビエツキー・ソユーズ完成予想図

（要目）基準排水量59150トン、満載排水量65150トン、全長269.4メートル、水線長260メートル、最大幅38.9メートル、主ボイラー12基、ターボ電気推進3基、3軸、最大出力231000馬力、最大速力29ノット、航続距離14.5ノットにて5580マイル、兵装50口径40.6センチ3連装砲3基9門、50口径15.2センチ連装砲6基12門、65口径10センチ連装高角砲4基8門、67口径37ミリ対空機銃4連装8基32門、カタパルト1基、水上機4機、90センチ探照灯4基、乗員1664名

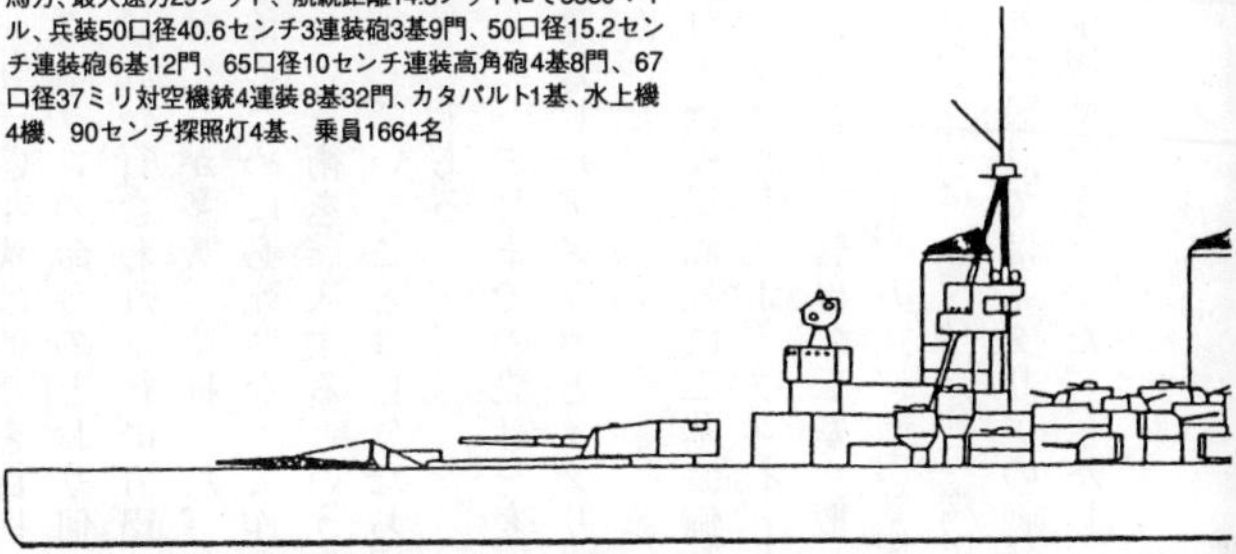

エコのスコダ社とも各種艦砲の設計と製造についての交渉を行なっている。

ソ連は遂に、ドイツとさえも砲及び砲塔の製造についての交渉を行なった。一九三九年に結ばれた独ソ条約で表面上は親交を示すため、独の未完成の重巡ルッツウオがソ連に売却されたが、この時、ソ連はドイツに戦艦ビスマルクとシャルンホルストの図面を要求するとともに四〇センチ砲をはじめとする各種の砲、砲塔の製造を申し入れている。

粛清の嵐のもとで建造が進む

これまで述べたような外国との交渉と並行して国内でも戦艦建造を行なう計画が進行していた。

多少、無理があったとしてもスターリンの決定に対して誰もこれが無理であるなどとはいえなかった。もし、仮にいったとしたら、それはスターリン、すなわち国家に対する反逆であり

直ちに収容所送りか、さもなければ銃殺であった。

おりから一九三〇年代は独裁を目指したスターリンの粛清の嵐が吹き荒れた時でもあった。とにかくスターリンの命令のとおり何が何でも戦艦を建造しなければならなかった。新戦艦の設計が行なわれた後にも粛清の嵐は容赦なく吹き、設計の責任者、計画者、設計者たちや技師たちが多数、逮捕され、処刑されたり収容所に送られた。その後を継いだ人々も粛清の恐怖のために必死になって作業を行なった。

外国の新しい技術を導入するという目的の他に、粛清された設計者たちが行なった設計をそのまま継続していくことは自分たち、新しい設計者もまた、いつか粛清の対象となることも考えられたのであろう。

いずれにしろ、これまでの設計を変更し、修正して多くの外国の技術が取り入れられた。特に設計を購入したアメリカとイタリアの影響、なかでもU・P・41設計によるイタリアの影響が大きかった。

初期の設計では艦尾両舷に二基装備される予定だったカタパルトは艦尾の中心線上に一基と改められ、ヴィットリオ・ヴェネトと同じ装備法となった。このため一〇センチ連装対空砲六基、一二門のうち艦尾の二基が取り止められて四基、八門となった。水中防御法はイタリアの有名なプリエーゼ方式（艦内舷側に魚雷等の水中爆発の衝撃を吸収する大きな円筒を設ける方式）に改められた。それ以外の艦尾の部分は米国の防御方式の模倣であった。

また、最初の設計ではイタリアの戦艦と同じく第三砲塔後方で終わっていた上甲板は米戦艦と同じ平甲板型に変わった。しかし、推進は三機三軸方式で、これは戦艦ビスマルクなど、独艦に多く採用されていた。

この様に設計面ではさまざまな考え方と種々の技術の導入などの努力があったが、戦艦を建造する現場の方でも同様の状況であった。

戦艦の建造を促進するために党の高官の声明が出され、現場では工事をスピードアップして計画よりも早く工事が進むように努力がなされていた。確かに、これまでのようなゆっくりした仕事振りとは違っていたが、これも一定以上の仕事量を達成し、大きな効率をあげる仕事をしなければ収容所送りか銃殺という恐怖感の下では当然のことであろう。

一九三八年一月二十一日、ソビエツキー・ソユーズ級四隻の建造が正式に決定し、同年七月十五日、一番艦ソビエツキー・ソユーズがレニングラードのオルジョニキーゼ工廠で起工された。

最初はなかなか捗らなかった工事も翌三九年には軌道に乗り順調に進んだが、四〇年に入って意図的にスローダウンされ、同年十月十九日には一時、停止された。その後、四一年初めまで工事はゆっくりと進められ同年六月二十二日現在、全工程の二〇パーセントが終了していた。

船体は、ほぼ完成しており同年後半に進水が予定され、完成は一九四三年とされていた。しかし、四一年七月十日、建造は正式に中止となり同年九月十日には海軍籍からも削除されたのである。

四一年六月二十二日、ドイツ軍は突如、ソ連に進攻を開始したが、同年七月五日のドイツ機の空中偵察写真では同艦の船体工事はほぼ、完了し、主機械、ボイラー等は据えつけられ、甲板の装甲も装着を終わり、ほとんど進水可能の状態であったとつたえられている。なお、同艦は戦後、船台上で部分的に切断して解体され、四九年までに作業は終了した。

結局一隻も完成しなかった理由

二番艦ソビエツカヤ・ウクライナは一九三八年十月三十一日、ニコライエフのマルテイ南工廠で起工された。一番艦と同様、建造は三九年になって順調に進み、四〇年後半になってスローダウンとなり、十月には一時、停止されている。

一九四一年六月二十二日現在、全工程の一八パーセントが終了し、進水は翌四二年十一月の予定であった。ドイツ軍の進攻によるウクライナ・クリミア方面の戦況はソ連にとって最悪のものであった。

四一年八月十八日にはドイツ軍がニコライエフを占領し、同地のマルテイ北・南工廠で建造中の戦艦や巡洋戦艦、巡洋艦等が捕獲された。この時、ソビエツカヤ・ウクライナの建造は明らかに停止されていた。

捕獲したドイツ軍も同艦を進水させようと考えたが結局、そのままとなり四四年三月、ドイツ軍が同地を撤退する時に船体直下の船台を破壊し、このため船体は左舷に五度から一〇度、傾いていた。

たとえ船体の破壊がなくても船台の破壊は効果的かつ致命的であった。同艦は、もはや解体してスクラップとするほかなく、戦後、直ちに解体された。

三隻目と四隻目の戦艦は白海のモロトフスクに新しく建造された第四〇二工廠で建造され

マルテイの南工廠で、ドイツ軍に接収されたソビエツカヤ・ウクライナ。

ることになった。艦名はソビエツカヤ・ベロルシア及びソビエツカヤ・ロシアと命名されていた。

両艦とも完成したばかりの縦三三五メートル、横一三七メートルの大型艦建造用ドックの中で建造されることになっていた。ソビエツカヤ・ベロルシアの起工は三九年十二月二十一日であったが、実際の工事は遅れており、資材や一部の構造物が集積されただけで四〇年十月十九日に建造中止となった。

ソビエツカヤ・ロシアは四〇年初めに起工され、建造が進められていたが同年十月、ソビエツカヤ・ベロルシアの建造中止により、逆にこちらは建造が推進されることになり進水は四三年秋に予定された。

しかし、独ソ戦が始まった四一年六月二十二日現在、全工程の五パーセント程度の状態で、船体の肋骨と外板の取り付けが終わったところであった。四一年七月に建造中止となった同艦は戦後、四六年までに解体されている。

ソビエツキー・ソユーズ級の建造で共通しているのは一九四〇年になって建造がスローダウンし、次いで同年十月に一時、停止されていることである。

致命傷となったのは最終的に主砲の供給の見込みがないことであり、このため戦艦の建造を続けるのは意味のないことであったのである。翌四一年七月十日に建造中止が決定し、九月十日に戦艦三隻は未完成のまま海軍籍から除かれたのである。

建造中止の理由は「他のより急ぐ工事のためである」とされている。実際、建造に必要な資材、特に鋼材は、急ピッチで生産が始まった戦車をはじめとする陸戦兵器の製造にも必要であった。

戦艦の建造と戦車等の製造の両方に鋼材を供給することはできなかったという理由で戦艦の建造を取り止めることができたが、一方では装備する主砲が外国から購入できず、製造も間に合わないために戦艦の建造を取り止めなければならなかったというのも事実であろう。

＊

ソビエツキー・ソユーズ級とほぼ同じ大きさの戦艦としては建造されなかったが、基準排水量六万五〇〇〇トンの米国のモンタナ級がある。同級は四〇センチ砲三連装四基一二門を装備しているが、ソ連の戦艦は四〇センチ砲三連装三基九門であった。その差は何であったといえば、ソ連の戦艦はその分を装甲にふり向けていたのである。

砲塔の装甲をのぞいた装甲の合計は二万四〇〇〇トンに達し、「大和」の二万一二六六トンを越えていた。主砲塔前面の装甲は「大和」の六五センチが群を抜いていたが、ソ連も四九・五センチと米のアイオワの五〇センチに次ぐ厚さであった。

一方、舷側装甲は「大和」が四一センチであるのに対し実に四二・五センチであったが、全般的には対四六センチ砲弾を考慮した「大和」には及ばない。

しかし、これだけ大きい戦艦が主砲を四〇センチ砲九門に押さえたことで装甲に配分できた重量は大きく、数字上から単純に比較した場合、ソ連の戦艦は「大和」を除けば最も厚く装甲した戦艦といえよう。

もし、ソ連の戦艦が完成していたら対抗できる戦艦は「大和」の外にはアイオワ級ぐらいであったかもしれない。

大艦巨砲盛衰記

第2章
1

末國正雄

■二十世紀の恐竜

大艦時代を築いた主役の誕生からその終焉まで

〝巨砲大艦〟の出現のプロセス

およそ海をもって国境の第一線とする国は、まず外敵の侵攻をふせぐため沿岸の防御施設をととのえるとともに軍艦をもって海上に外敵を制し、国をまもることに鋭意努力するのである。海上で外敵を制する手段の第一は、大砲をもって来攻する敵の船を撃沈することである。

敵船を攻撃する兵器として最初に工夫され、製造されたものが大砲である。ついで水雷（魚形水雷、魚雷と略称）兵器が生まれ、それから長い年月ののちに飛行機なるものが出現した。しかし魚雷は、大砲にくらべて一般的に攻撃可能な距離（射程と呼称する）が短く、飛行機は出現以来、長い年月のあいだ偵察、捜索にようやく使えるていどであった。

一九四〇年（昭和十六年）初頭ごろには、飛行機の爆弾や魚雷で近代式重装甲の軍艦を撃沈しうるや、いなやに関してはなお疑問のあるものであった。飛行機の爆弾および魚雷で近代式重装甲の軍艦を、確実に撃沈可能を立証したのは、昭和十六年十二月八日、日本海軍の艦上飛行機が米国ハワイ真珠湾在泊の米国戦艦群を攻撃したときにはじまり、ついで十二月十日、日本海軍の基地中型陸上機がマレー沖で英国最新鋭戦艦二隻を撃沈したことである。

この二つの戦果成果が、世界海戦史上初めて飛行機が大砲を凌駕して海戦上の主兵器・主兵力の座に代わる時機であった。すなわち航空母艦兵力が、戦艦兵力に代わって海軍主力に転換する時機である。戦艦時代というのはこの時期までをさすとみるのが妥当であろう。

大砲は相手の船を損傷し、撃沈を企図する兵器であるから相手の同種砲よりわずかでも射程が長く遠達するものが要求され、一弾の破壊力、威力が大なるものが要求されて発達し、しだいに大型となる。大型になるにともない重量を増加する。斤砲と称する小型の大砲はしだいに大型となり、八センチ砲となり、一二センチ砲となり、一四センチ、一五センチ、二〇センチ、二五センチ、三〇センチ、三六センチ、四〇センチ、四六センチ、五一センチ砲へと発達した。

これに対し軍艦の防御艤装もしだいに重厚となり、艦材の質も耐弾性を増加するものに代わり、舷側の装甲鈑や防御甲板もしだいに厚いものに転換し、また大砲も砲塔化して砲塔の防御を厚くし、一門でも多く搭載し攻撃力の増大を企図するようになった。

こうして巨砲が生まれ、重量極大の砲塔が生まれる。この大砲を搭載し、重装甲の軍艦が設計建造されるようになった。

ぞくに大艦巨砲というが、じつは巨砲多数を搭載せんと

「比叡」の36センチ主砲と艦首付近を望む。艦橋より撮影。

するためやむなく大艦とならざるをえないので、〝巨砲大艦〟と称するのが適当な用語である。

戦艦は、海軍艦艇のなかでもっともすぐれた攻撃力と防御力とを有し、艦隊の中心兵力をなす海上武力の根幹であった。世界の海軍国の海軍保有兵力を比較する尺度として戦艦の隻数、総トン数の合計をもちいるほど重要な艦種であった。

戦艦は、強大な攻撃力として近代の戦艦は三六センチないし四〇センチ以上の口径の巨砲を装備し、海上戦闘においては敵の主力艦を砲撃撃滅することを主任務とするものであった。

第一次世界大戦が終結したころまでの間における近代の海戦をみると、日露戦争（一九〇四年～一九〇五年）の黄海海戦や日本海海戦、第一次世界大戦における英独のジュットランド海戦（一九一六年）はいずれも戦艦群と戦艦群との戦闘で勝敗が決まっている。

第二次世界大戦が勃発するころまでの米英日などの海軍国は、いずれも戦艦群を中心とする海軍を建設し維持し、航空母艦、巡洋艦、駆逐艦、潜水艦などの戦闘用艦艇はいずれも戦艦の戦闘力である砲力の発揮を助長、助成する補助的兵力と考えられていた。しかし航空機の発達にともない太平洋戦争の開戦（一

戦艦ドレッドノート

九四一年）劈頭において、日本海軍航空機の攻撃威力が戦艦の攻撃力をはるかに凌駕する戦果をおさめ、航空機がいちやく海軍の主兵力となりうることを立証したことにより、米英もいちはやく航空母艦中心の艦隊に転換した。戦艦は有力な砲熕威力をもって航空母艦群の対空護衛に任ずる立場に役割を変更した。

日露戦争ののち英国が建造した戦艦ドレッドノートは、戦艦型式を一変し、一機軸を出し戦艦型式に一新紀元をなすものであった。列国海軍はこれに習いド級戦艦の建造をさそい、さらに超ド級戦艦建造の時代を招来し、底止するところがなかった。

大正十年十一月に開催されたワシントン会議で海軍軍備制限条約を結び、戦艦の建造を一〇年間休止することを定め、戦艦の建造を休止する期間をむかえたが、昭和十二年一月一日、軍縮条約無条約時代となり、ふたたび戦艦建造がはじまり、建艦競争が激化した。

日本海軍は、世界いずれの海軍国も追従しえない超強大な四六センチ主砲九門を搭載し、重装甲七万トン余の巨大戦艦「大和」「武蔵」を建造し、海軍の中心兵力とした。

戦艦は大砲、とくに大口径砲を主兵器として搭載し、それそうとうの防御甲板をほどこした特殊艦型の軍艦を戦艦と称するのであって、標準が決まっているわけではない。

水雷を主兵器とし比較的小型軽量で速力の速い艦種が水雷艇であり、ついでこれを進化させ大型化したのが駆逐艦である。また水雷をもっぱら主兵器として、水中から敵艦船を攻撃しようとする艦種が潜水艦である。飛行機を多数搭載し、洋上をかけまわり搭載飛行機をもって捜索偵察、敵艦船攻撃を主任務とする艦種が航空母艦であり、駆逐艦と戦艦の中間的性能を持ち、水雷と大砲を装備する艦種が巡洋艦である。戦艦以外のこれら艦種を総括総称して補助艦と称していた。

補助艦は、その名称のように洋上の海戦において戦艦の戦闘を有利にみちびく補助兵力とし使用するのが原則であり、外国の海軍いずれもがこの原則に立っていた。大正十年、ワシントン会議の開催のころには、戦艦の保有量をもってその国の海軍兵力を測定する代表的な艦種としていた。

戦艦は、一般的には大型艦で重量も重く、主機械や馬力の技術的限界があるため巡洋艦や駆逐艦のような高速は得られなかった。しかし高速を得たいため装甲を減少して船体を軽くし、大砲だけは戦艦に匹敵する艦種を案出した。これが巡洋戦艦である。

戦艦「扶桑」

一国の海軍としては戦艦と補助艦の保有比率を適切に選定し、バランスのよくとれた海軍兵力を整備充実することが必要であった。列国の海軍はいずれもこの原則に立って海軍を建設し、優秀戦艦の建造充実を競ったのである。

戦艦と巡洋戦艦とをあわせて総称して、「主力艦」と称した時代もあり、また戦艦をやや高速化した艦種および巡洋戦艦の装甲防御をやや増加した艦種をとくに「高速戦艦」の名称をつけて区別した時代もある。戦艦時代の戦艦の部類には主力艦、高速戦艦も一括包含して考えることにする。

独自性を強調した日本の戦艦

日本海軍のなかで二〇センチ以上の大砲を搭載した最初の軍艦は、明治十一年に英国で建造竣工した「扶桑」艦（初代、三七一七トン、二四センチ砲四門）で、鉄骨鉄皮の艦であった。しかし戦艦の名称をあたえ、戦艦の部類にいれるほどのものではなかった。

そのつぎが明治十九年に英国で建造竣工した「浪速《なにわ》」と「高千穂」（いずれも三六五〇トン、二四センチ砲二門搭載）と、「畝傍《うねび》」（仏国で建造、三六五〇トン、二四センチ砲四門搭載、本

戦艦「鎮遠」

艦は日本へ回航途中に消息不明となり、本邦に到着せず）の三隻であるが、巡洋艦の部類であった。

そのつぎが清国の甲鉄戦艦に対抗するために建造した四二一〇トン型、三二センチ砲一門搭載の「巌島《いつくしま》」（明治二十四年、仏国で竣工）、「松島」（明治二十五年、仏国で建造）、「橋立」（明治二十七年、横須賀で建造）の三隻で、三景艦と通称した海防艦である。清国の「鎮遠」「定遠」は七二二〇トン型の甲鉄砲塔艦で、三〇センチ砲四門を搭載した当時の最強軍艦であった。

日清戦争の黄海海戦で清国艦隊と日本艦隊とが砲戦をまじえ激戦となったが、日本海軍の三景艦および「浪速」型巡洋艦の砲撃では、「鎮遠」「定遠」を撃沈することはできず、戦艦の強味を立証した。

だが、日清戦争で日本は清国から「鎮遠」と「平遠」（二一五〇トン、二六センチ砲搭載の甲鉄砲塔艦）、その他を戦利艦として獲得し、黄海海戦の成果戦訓にのっとって強力な戦艦建造にむかった。

このころの軍艦は、帆船時代の遺物として艦首に衝角の構造をもって敵艦の舷側に衝突し、つき破って沈没させるか、また

戦艦「三笠」

は接触して敵艦に乗り移って戦う戦闘方法をとることが残っていた。

明治二十六年の帝国議会で戦艦二隻と水雷母艦一隻を建造する予算が成立し、英国へ発注した二隻の戦艦は「富士」（二代）と「八島」で、一万二六〇〇トン型、一二インチ砲四門搭載の軍艦であった。日本海軍における戦艦の嚆矢《こうし》第一号であった。この二艦は、明治三十年八月九日に竣工し、本邦に回航し日本海軍に一大威力を増加した。

このころ英国もロシアもきそって戦艦を建造していた。日本海軍は日清戦争後の三国干渉を機として、対露軍備の整備に着手していた。ロシアが東洋に軍艦を派遣する場合には、地中海を経由してスエズ運河をとおってくるのが航路である。したがってスエズ運河の水深、幅には限界があり、この運河を通過することができる軍艦は予測できるのでこれに対抗し、ぜったい優勢な戦艦を建造する方針をかため、「三笠」型一万五〇〇〇トン以上、一二インチ砲四門二連装砲塔艦四隻の建造を英国へ発注した。これが戦艦「敷島」「朝日」「初瀬」「三笠」で明治三十三年から三十五年にかけて竣工した。

これと併行して九九〇〇トン型「八雲」級（八インチ砲四門

連装砲塔艦）の装甲巡洋艦六隻の建造を英、仏、独の各国に発注して整備した。これがのちに六六艦隊と称せられた艦隊で、装甲巡洋艦の先駆をなすものであった。この六六艦隊が日露戦争でロシア艦隊を殲滅する偉功をたてるのである。まさに戦艦至上主義の艦隊であった。

建艦競争が激化した昭和初期

昭和年代にはいり、航空機の急速な発達にともない米英ともに航空母艦の建造をはじめ、日本もまた航空母艦を建造したが、まだ航空が戦艦にすぐに代わる情況ではなく、昭和年代中期ごろまではいぜんとして戦艦が海軍兵力の中心であり、航空は戦艦の補助兵力的存在であった。だが漸次その鋭峰を予見される状態に近づきつつあった。

昭和五年のロンドン海軍条約では、戦艦建造休止期間をさらに五年延期と定めたため、艦齢超過戦艦の代艦建造は足ぶみ状態となった。

昭和九年十二月、日本はワシントン条約の有効期間満了となる十一年末をもって同条約の廃棄を通告し、十一年の第二次ロンドン会議から脱退した。こうして十二年一月一日以降、軍縮

空母「瑞鶴」

条約の無条約時代到来が確定した。

　これにそなえて日本海軍は、七万トン、主砲四六センチ砲（企図秘匿上、四一式四〇センチ砲と称す）九門三連装砲塔三基、二七ノットの巨砲大艦である「大和」型戦艦の設計を完成し、十二年からその建造に着工した。世界最大かつ最強で比類のない巨大戦艦で、主砲の最大射程は四万メートルであった。米国もまた無条約となると戦艦の建造に着手し、日本の建造数を凌駕する隻数の整備をはかり建艦競争が激化した。

　日本は、第一回は「大和」「武蔵」の二隻を建造し、ついで第二回目は「信濃」ほか一隻の建造に着工した。第三回目は、「大和」型の改良型で五一センチ主砲搭載艦を設計し、三隻の建造計画を策定したが、太平洋戦争の開戦となり、「信濃」以後五隻は建造を取りやめた。結局、四六センチ主砲艦の完成は「大和」「武蔵」の二隻にとどまり、従前から保有の戦艦一〇隻と合わせて一二隻の戦艦で太平洋戦争の幕明けとなった。

　しかしこの当時、航空母艦は大型は「赤城」「加賀」「翔鶴」「瑞鶴」、中型は「蒼龍」「飛龍」「龍驤」、小型は「鳳翔」で計八隻、改造空母は「翔鳳」「瑞鳳」、春日丸（「大鷹」）の一一隻で太平洋戦争のスタートとなった。しかし、ただちに戦艦に代わり海軍主兵力となる確信はなく、いぜんとして海軍の主兵力中心は戦艦であった。米国は新式戦艦をあわせて一五隻の戦艦を保有し、海軍兵力の中心としていた。

太平洋戦争にさいし、日本海軍は「赤城」「加賀」「瑞鶴」「翔鶴」「蒼龍」「飛龍」の空母六隻に戦艦二隻、大巡と駆逐艦若干を配して機動部隊を編成し、開戦劈頭の十二月八日、真珠湾在泊の米国戦艦群を搭載飛行機をもって奇襲し、これを撃沈破した。

また十二月十日にはマレー沖で陸上基地の中型攻撃機で英国の最新戦艦プリンス・オブ・ウェールズとレパルスの二隻を撃沈した。ここにおいて飛行機群の威力が初めて立証され航空機時代の夜明けが訪れた。

当時、米国の保有航空母艦は、大型四隻、改造空母一隻で米国海軍もいぜん戦艦中心の艦隊であった。しかしハワイで有力な戦艦群を喪失、航空母艦（ハワイ奇襲のとき所在は不明で日本の機動部隊はこれをうちもらした）、巡洋艦、駆逐艦は無傷で残ったので日本の機動部隊にならい、いちはやく艦隊編制替えをおこない空母中心の機動部隊方式に転換して活動し、反撃作戦を開始した。

戦艦レパルス

日本海軍は、空母中心の機動部隊方式に先鞭はつけたが、戦艦中心の艦隊主義の思想がいぜんとして残り、米国のように徹底した思想に転換が遅れた。

しかしいずれにしてもこのへんの時期が戦艦時代の幕引きで、航空万能時代の黎明幕明けの転換境目であるというべきであろう。

ととのった国産戦艦建造施設

日本は、造船造艦については欧米諸国にくらべて後進国で、日露戦争のころまではほとんどぜんぶの軍艦、水雷艇、駆逐艦の建造を欧米諸国に依存していた。日清・日露戦争のときの戦艦、巡洋艦は輸入品であり、日露戦争時代の戦艦はぜんぶ英国製であった。つまり英国からの輸入品でロシア艦隊と戦い、勝利を得たのである。戦艦搭載の砲熕兵器はもちろん主として英国製であった。こうして外国製を見習い、外国製を模倣して国産施設をととのえ国産軍艦の建造が可能となった。

まず製艦鉄材の自給からはじめ、明治三十四年、官立の八幡製鉄所（新日鉄の前身）をつくり、操業を開始した。ついで呉海軍工廠で大艦が建造可能な施設をととのえ、横須賀海軍工廠におよぼした。民間工場では川崎神戸造船所と三菱長崎造船所に設備をととのえ、技術伝習をおこない、これを育成した。

こうして戦艦が建造可能な日本における造船所は呉、横須賀の両海軍工廠と川崎神戸、三菱長崎の両民間造船所の四ヵ所だけであった。

戦艦用の砲熕兵器製造所として民間工場の日本製鋼所を創設し、海軍および英国から資本と技術を導入し、海軍がこれを育成し、砲熕兵器供給を可能とした。主力艦用主砲および砲塔は、主としてもっぱら呉海軍工廠砲熕部が製造し、供給した。

戦艦用装甲鈑、舷側防御用重厚の鋼板は呉海軍工廠の製鋼部が製造を一手に引き受けて供給した。

製造した主砲の試験発射および製造した装甲鈑の耐弾性試験は、すべて呉湾外の亀ケ首に設備した試験発射場で実施し、性能を確認した。

川崎神戸造船所で建造した主力艦は、巡洋戦艦「榛名」、戦艦「伊勢」「加賀」(未成でのちに横須賀で空母に改造)、「愛宕」(未成でワシントン条約で建造取り止めとなる)。

三菱長崎造船所で建造した主力艦は、巡洋戦艦「霧島」、戦艦「日向」「土佐」(未成で建造中止、廃棄処分は砲熕兵器の効

巡洋艦「生駒」

力実験に供し撃沈)、戦艦「高雄」(未成で廃棄)「武蔵」である。

呉海軍工廠で建造の主力艦は、「筑波」「生駒」「伊吹」「安芸」「摂津」「扶桑」「長門」「赤城」(未成でのちに航空母艦に改造)、「大和」であった。

横須賀海軍工廠で建造の主力艦は、巡洋戦艦「鞍馬」、戦艦「薩摩」「河内」「比叡」「山城」「陸奥」「天城」(未成で廃棄)、「信濃」(未成であとに空母に改造)であった。

「金剛」をのぞき明治四十年一月竣工の「筑波」以後の主力艦はぜんぶ国産であった。

アメリカの主力艦活用の戦法

日露戦争の海戦は、彼我ともに戦艦主砲の威力をたのみとして戦い、日本海軍はこれに舷側速射砲の威力を発揮して勝利を獲得した。米英独の海軍は、いずれもこれにならった。日本海軍は、昼間一挙決戦主義の戦闘であった。

列強海軍はいずれも主力艦の拡張充実の軍備を進め、主力艦中心艦隊の昼間一挙決戦主義の戦法をとった。日本海軍は八八艦隊から八八八艦隊整備の方針をとったが、追加の八艦隊には着手するにいたらずワシントン会議となった。

ワシントン条約締結ののち、日本海軍は夜戦を重視し夜戦により米艦隊戦艦群を漸減したのち、翌朝、黎明戦で主力艦対等またはそれ以上の優勢で決戦を企図する戦法に転換した。しかし米国は、いわゆるリングフォーメーションの隊形で主力艦をかこみ、昼間一挙砲戦主義をいぜんとして堅持していた。ロンドン条約以後においては、日本海軍は潜水艦によりまず米国の主力艦を減勢し、夜戦でさらに米主力艦を減勢し、翌朝決戦の方法に転換してこれが日本海軍の対策戦法として定着した。米海軍は有力な補助艦多数を整備し、主力艦群の防衛陣形を強固にして凌駕する戦法をとり、日本海軍は夜戦成立の困難を認め「金剛」型戦艦四隻を高速艦に改造し、夜戦部隊推進用に使用した。

主力艦の主砲の砲戦最大射程は三六センチ砲で三万メートル、四〇センチ砲で三万五〇〇〇メートル、「大和」型四六センチ砲で四万メートルとなるので、飛行機観測が重要となり、艦載機を掩護する航空母艦の戦闘機使用がはじまった。

そして制空権下の艦隊決戦、ついで基地航空威力傘下の艦隊決戦、艦隊決戦にさきだつ航空決戦という思想に発展し、これ

戦艦「榛名」

が遂行に努力するように発展した。しかし、これらはいずれも主力艦の主砲の威力を最大限に発揮しようとする戦法手段であった。

日本海軍の大砲は、米・英国の同種艦、同種砲にたいし最大射程を大にし、アウトレンジを可能とし、一弾の威力を大にして緒戦期の一撃で敵を先制撃破し、勝機を把握獲得することを基本方針とした。訓練もこれを基本として練成に精進した。またこれにともなって方位盤射撃装置、測距儀、観測鏡その他砲戦指揮兵器用具も発達し、太平洋戦法開戦時頃にはその頂点に達していた。

航空時代をむかえた戦艦の立場

航空時代の到来にともない戦艦は兵装を一新した。主砲の威力発揮を期することはもちろんであるが、対空用の火器や高角砲や機銃（とくに機銃に重点をおく）を一挙に増備し、極言すれば機銃の針ネズミのような状態まで増設し、これを自由に操作する射撃装置をそなえた。

戦艦の使用方法は、航空母艦群の一兵力とし、航空母艦群護衛兵力と化し対空防御を主任務とするように変化した。米海軍

空母エセックス

は、このほかに上陸作戦を決行するときの上陸部隊の支援掩護をおこない、上陸地点に対する砲撃制圧もおこなった。

日本海軍では対空用主砲砲弾を開発し、三式弾と呼称する空中で炸裂散開して弾子を放出する特殊弾を敵の来襲する飛行機群のなかに撃ちこんで敵機撃墜を企図した。日本海軍では戦艦を上陸作戦に使用することはなかったが、昭和十七年十月にガ島の米軍飛行場に対し「金剛」、「榛名」の主砲三式弾をもって砲撃制圧焼き払いをおこなったことがある。この砲撃制圧は一時期、ガ島の飛行場を使用不能にし、瀕死の損害をあたえ大成功であったが、効果を長く持続することはできなかった。

航空時代に入り、日本海軍は戦艦時代の花形戦艦「伊勢」と「日向」の二隻は、主砲砲塔の半数を撤去して艦上爆撃機約二二機を搭載（発艦はカタパルトにより射出し、着艦、収容はおこなわない）の俗称航空戦艦に改造、また未完成の「大和」型戦艦の三番艦「信濃」を大型航空母艦に改装し、若干でも海上航空兵力の増加を企図した。

米国は航空時代となっても戦艦はいぜんとして戦艦のまま活用をはかり、エセックス型大型の航空母艦を多数新造し、海上航空兵力の飛躍的増強の方向にすすみ、日本海軍を圧倒し壊滅におとしいれた。

日本海軍の残存戦艦「長門」「伊勢」「日向」「榛名」は、国内の燃料欠乏にともない特殊警備艦に編入され、軍港付近に繋泊して軍港の防空砲台として任務についた。だが「伊勢」「日向」「榛名」は米軍機の爆撃で損傷を生じ浸水着底し、終戦にいたった。「長門」は残存したが、終戦後、米軍に接収されビキニ環礁における原爆の実験標的艦として栄なる生涯を閉じた。

戦艦「陸奥」は、昭和十八年六月八日、柱島泊地で原因不明の弾火薬庫爆発をおこして沈没、「比叡」「霧島」は十七年十一月、第三次ソロモン海戦で、「扶桑」「山城」「武蔵」は十九年十月、レイテ沖海戦のさいに沈没した。「大和」は、沖縄への水上特攻隊旗艦として出撃したが、二十年四月七日、米軍機の集中攻撃を受け、沖縄に到達せず途中で沈没した。「金剛」は内地にむかう途中、台湾海峡付近で米潜水艦の雷撃を受け、十九年十一月二十一日に沈没した。

戦艦時代には帝国海軍主力としてはなばなしく活躍した栄光の戦艦も航空時代となっては主砲威力を発揮する水上決戦の機会がおとずれず、あえない最後をとげたのである。

第二次大戦"重防御艦"列伝

第2章

2

杉田勇一郎

■世界の〝不沈艦〟一代記

人類が英知を傾注して建造した超防御力の近代戦艦物語

戦艦にみる防御のルーツ

軍艦あるいは艦艇にはさまざまな種類があるが、その中心となるものは戦闘を主な任務とするものであろう。有時のさいは相手を撃破してその意図を挫《くじ》き、わが方の意図を達成する一つの道具となるのが、軍艦の本来の存在理由だからである。

そのような軍艦は当然、攻撃力を持っている。と同時に、相手からの攻撃に対する防御も考えねばならなくなってくる。

第一次大戦までの攻撃は、主として砲熕《ほうこう》武器によった。これに対する防御は、一般に相手の砲弾にたえる舷側の装甲あるいは甲鉄に依存し、その材料を改善して強度を増し、施工範囲や、取り付け方法などを工夫して防御力が強化された。

魚雷や機雷が実用化されると、水中防御も軍艦の防御の主な要素になった。水中爆発に対して外板の水密性を保つことが第一だが、これはなかなか困難である。そこで、外板が破れても浸水がひろがらないように、艦内を水密の区画で細分する方法がとられるようになった。遠距離砲戦で弾丸が大落角で落下し、航空機からの爆撃が行なわれるようになると、水平防御も強化されるようになった。

かつては、来襲する水雷艇などを撃退するための小口径の砲が大艦に備えられていたが、これに航空機から防御するための対空火器（高角砲、機銃）がくわわり、近年になるとミサイルに対処するための近接防御火器が、多くの艦艇に装備されるようになった。

相手の測的やホーミングに使われるレーダーを撹《かく》乱するための電波妨害やチャフの発射、魚雷の聴音能力を無効にする水中雑音発生装置なども防御の手段である。さらに基本的には、船型をなるべく小さくし、あるいは形状を工夫して視認や、レーダーによる被探知の機会をへらすことである。このなかには迷彩や偽装もふくまれる。

毒ガス、生物兵器あるいは放射能で艦が汚染され、乗員が被害を受けることのないように、必要のさいは艦を密閉し、艦内を外気より多少加圧状態にして循環通風を行なったり、外部を洗滌《せんじょう》して放射能を持つチリを洗い流すことも考えられる。

一九八二年のフォークランド紛争でクローズアップされた応急——ダメージ・コントロール——も防御の範囲にふくまれよう。

艦船のなかでも駆逐艦以下の小型艦艇などでは、冒頭の丈夫な装甲を備えることは困難である。そのかわり速力を大きくし、優れた運動性能によって被弾、被雷を避ける方法がとられる。これも広い意味では防御の範囲にふくまれるかもしれない。

このように見てくると、一口に防御といっても、内容ははなはだ多岐にわたる。そこで、いわば古典的な防御の本流である装甲や、水中防御にもっとも努力のはらわれた戦艦について話をすすめることにしよう。

技術を競った近代戦艦

攻撃を重視したもっとも正統的な軍艦は、第二次大戦まで主力艦とよばれた戦艦、巡洋戦艦だった。

戦艦は、一般に相応の距離から自艦とおなじ砲で発射されたおなじ性能の徹甲弾に対して、耐弾力のある装甲を主要部にほどこすように考えられた。また排水量のもっとも大きな軍艦だったから、防御にさきうる重量はもっとも多く（逆に、防御にさいた重量がもっとも多かったから排水量も最大になった、といえる）、水線下の水中防御や甲板部にほどこす水平防御なども、他艦種に比べれば、より徹底したもので、攻撃力とともに防御力ももっとも大きな艦種だったといえる。

主力艦は第一次大戦（一九一四〜一九一八年）の前後に各国で多数建造されたが、戦後（一九二二年）に締結されたワシントン条約を契機に新造は一部をのぞいて停止され、つぎのロンドン条約（一九三〇年調印）によって、建造の本格的な再開は一九三七年になった。その間はいわゆるネーバル・ホリデーで、主力艦には近代化改造が実施されたわけである。

この改造の規模は排水量で三〇〇〇トンを限度とし、バルジ（またはブリスター。水中防御または浮力増加のための水線下舷側のふくらみ）または水平防御をほどこすことができる。ただし舷側装甲は変更できない、というものであった。

この規定には、第一次大戦の戦訓および当時の海上戦闘の趨勢に対する考慮がはらわれており、近年の戦艦あるいは一般戦闘艦艇に対する防御のあり方を示唆《しさ》していたと見てよいであろう。

このような考え方は、ワシントン条約後に建造された戦艦に当然反映されたが、当時の戦艦は排水量三万五〇〇〇トン、のちに四万五〇〇〇トンに制限されていたから、一応その制約のなかで防御にどの程度の重量とスペースをさくか、各国はいろいろ苦心した。後期に計画された艦の排水量が大きくなっているのは、その間の事情の一端をしめしている。

なお第一次大戦前後には、英海軍のインヴィンシブル（Invincible級一九〇八年竣工）を嚆《こう》矢《し》として、速力を重視した巡洋戦艦が建造された。しかし戦艦と同程度の排水量で速力を高めるためには防御か、兵装をあるていど犠牲にする必要があり、兵装や防御を戦艦と同等とすれば排水量は大きくなった。

前者の一例は「金剛」型（英国で設計、一九一三年竣工、二万六三三〇トン、速力二七・五ノット、水線部舷側甲鉄厚さ八インチ——一インチは二五・四ミリ。以下、甲鉄の厚さは原則としてインチで表示——これに対して二年後竣工した国産戦艦「扶桑」はそれぞれ二万九三三〇トン、二二・五ノット、一二インチ）、後者の例は一九二〇年に完成した英のフッド（Hood、四万二六七〇トン、三二ノット、一二インチ）だが、ネーバル・ホリデー後の主力艦には巡洋戦艦が現われなかった。

これは、主力艦は砲熕兵装と防御を優先させ、速力は可能な範囲で大きくするとの考えがあり、またこれを具体化しうるように、両次大戦間に推進装置が大幅に進歩したからである（たとえば一九二七年竣工のネルソン〈Nelson〉は機関部重量当たり馬力一八馬力／トンで速力二三ノット、一九四〇年竣工のキング・ジョージ五世〈King George V〉は四五・一馬力／トン、二九・二五ノット）。

もっとも、実際には巡洋艦の平均的な速力が三〇ノットをこえていたのに対して、新しい戦艦のそれは三〇ノット前後だった。巡洋艦に匹敵する速力を持つものはドイツのシャルンホルスト（Scharnhorst）級（三二ノット）、米のアイオワ（Iowa）級（三三ノット）ていどである。

以上のような理由から、第一次大戦後に建造された主力艦、すなわち戦艦は、典型的な重防御艦の最後の代表と見ることができる。ここではそれらをかんたんに紹介したい。

海洋王国イギリスの着想
●英ネルソン級

ワシントン条約で新たに建造をみとめられた戦艦で、同型二隻が一九二七年に就役した。強力な兵装とともに、防御の強化は本級に対するもっとも重要な要求で、水線部舷側甲鉄は傾斜装備（上方で外側に開く）の一四インチ、水平防御は舷側甲鉄上縁に接する第三甲板面に設けられた六・二五インチ甲鉄で、一足先に完成されていた日本の「長門」型（それぞれ垂直の一二インチ、水平五インチ）、米海軍のメリーランド（Maryland）級（同垂直一三・五インチ、水平三・五インチプラス一・五インチ）に比べて、ともにやや厚かった。

戦艦ネルソン。ワシントン条約で新たに建造がみとめられた。

しかし、重量の制約から防御範囲は弾薬庫および機関区画にかぎられた集中防御方式となり（三基の一六インチ三連装砲を中央部に集中したのもその対策の一つ）、舷側甲鉄の（上下間の）幅もせまくなった。

その結果、甲鉄下端は水平線のわずか下方（約七五センチ）で終わり、波浪中や動揺中、あるいは大落角で舷側ちかくに落下した弾丸が直進して、その下方の一・五インチ厚の水中防御縦壁を貫通するおそれがあった、といわれる。

なお、舷側甲鉄は垂直の外板のやや内方に設けられ、その下方の防御縦壁は水中爆発を考慮して、できるだけ内方に配置されたので、舷側甲鉄と水中縦壁は不連続になっていた。また、水線直上の舷側には、水中爆発のガスを発散させるための逃気口が多数設けられていたが、戦後の実験によると役にたたなかったようである。

●英キング・ジョージ五世級

本級は軍縮条約明けを待って一、二番艦が一九三七年一月に起工され、同型五隻が四〇年から四二年にかけて完成した。三万五〇〇〇トンの排水量で、当初は一四インチ砲四連装三基を搭載したが、その後、弾薬庫防御の強化のため前部の二番砲塔は連装に変更され、また建造中、第二次大戦の勃発により条約の制約がなくなったため、可能な範囲で防御なども追加増強された。

戦艦キング・ジョージ五世。14インチ砲4連装3基を備えた。

本級はネルソンの甲鉄の傾斜装備に対して垂直方式に改め、水線部で一四インチ（弾薬庫部一五インチ）、下端で四・五インチ（弾薬庫五・五インチ）にテーパーした甲鉄を外舷に装備し、幅をかなり広げ、下端を水線下相応に深い位置まで下げてネルソン級の欠点を補った。ただし垂直装備方式は、同一耐弾効果に対して面積当たり甲鉄重量は増えることになる。

水平防御は舷側甲鉄頂部の第二甲板面（ネルソンより一甲板高い）に五インチ（弾薬庫六インチ）がほどこされ、水中防御は舷側から内側に三層の縦壁を設けて空所、燃料タンク（海水自動置換方式で空になることがない）、空所の三層とし、最内部の防御縦壁は厚さ一・七五インチとした。この方式は後述の米戦艦のそれにちかい。

本級のうちプリンス・オブ・ウェールズ（Prince of Wales）は太平洋戦争初頭、日本機の攻撃によりマレー半島沖で沈没した。そのさい防御のどの部分が弱点だったか明確でないが、細部構造の応力集中、鋲接構造、防御縦壁の十分な連続性の不足、水中爆発の上方への十分な逃げ路の不足などが重畳したとの指摘がある。

魚雷爆発の衝撃によって排水ポンプ機能が停止し、応急活動が大幅に阻害されたことも沈没にかかわったと見られている。

直接の防御ではないが、広い意味の防御システムが破壊された、ということであろう。

戦艦ヴァンガード。1946年に完成した、イギリス最後の戦艦。

●英ヴァンガード（Vanguard）

一九四〇年度戦時計画で一隻のみ建造され、四六年に完成した。英海軍最後の戦艦である。工程の短縮をねらって、主砲に第一次大戦時のカレイジャス（Courageous）級の撤去品の一五インチ砲連装四基を流用した。このため船体が延長されたりして基準排水量は四万四五〇〇トンに増大した。速力は三〇ノットに向上した。

本艦の設計はキング・ジョージ五世級と、建造を断念した戦艦ライオン（Lion）級を参考にし、防御方式は一般に前者に準じており、水線部の垂直配置の甲鉄厚さは一三インチ、下端で四・五インチ（弾薬庫部はそれぞれ一四インチ、五・五インチ）、水平防御は同級と同様であった。

砲塔が三基から四基になったためもあって、既述のように防御施工範囲も長くなり、全体としての装甲重量は同級の一万二五〇〇トン弱から一万四五〇〇トン弱へと約二〇〇〇トン増大した。

戦艦ノース・カロライナ。1941年、同型１隻と共に就役した。

日米戦艦陣の攻＆防

●米ノース・カロライナ（North Carolina）級

キング・ジョージ五世級とはほぼ同様の経緯で計画された米海軍の近代的戦艦の第一陣で、一九四一年に同型二隻が就役した。当初一四インチ砲四連装三基搭載の対一四インチ砲防御をもち、前者は発注後一六インチ砲三連装に改められたが、防御はそのままとされた。

したがって舷側甲鉄は水線部一二インチ、下端で六・六二五インチ、一五度の傾斜で外舷に装備された。水線防御は第二甲板の五インチ甲板を中心に合計七・〇七インチの三層で、遠距離砲戦および爆撃に対して十分考慮されていたことがわかる。

水中防御は舷側甲鉄下端から外板を幅いっぱいに張り出

戦艦サウス・ダコタ。16インチ砲搭載、排水量3万5000トン。

してバルジ状とし、内部は縦壁で五層に仕切り、一部の層を燃料タンクとしていた。形状はやや異なるが、メリーランド級などに採用されていたとおなじ米戦艦の特徴ある水中防御方式である。

ノース・カロライナが一番砲塔わきに日本の魚雷を受けたさい、防御縦壁から内部に多少浸水したが、これは前部の船体幅、したがって防御縦壁全体の厚みも減っていたためとされた。

船底部は三重底、機関区画は缶二基、主機一組を一室におさめて四区画とし、各区画には縦壁を設けず、非対称浸水による船体傾斜を防いだ点にも特徴があった。

●米サウス・ダコタ（South Dakota）級

ノース・カロライナ級につづく同級の改良型で、同型四隻が一九四二年にそろって就役した。基準排水量は三万五〇〇〇トンのまま最初から一六インチ砲搭載の対一六インチ砲防御とされ、しかも二七ノットの速力を維持した。

このため舷側甲鉄は傾斜を一九度に増し、水線部厚さを一二・二五インチにすることによって防御の要求を満たし、一方、機関区画の長さをちぢめることによって装甲施工範囲をせまくし、甲鉄重量はノース・カロライナよりむしろ減少している（同級の一万五三〇〇トン強に対し一万四四〇〇トン弱）。

なお、舷側甲鉄はそのままテーパーさせて（下端で一・八五インチ）内底板上まで延長し、水中弾に対する抗堪性を向上させている。水平防御も全体で多少増厚されている。

なお、本級は外舷軸をスケグでつつみ、これで内舷軸およびプロペラを保護していたが、これも防御の一つの方法である。

●米アイオワ級

米海軍最後の戦艦で、同型六隻のうち四隻が一九四三年、四四年に竣工した。ベトナム戦後すべて予備役になっていたが、後にミサイルを搭載して逐次現役にもどっている。五〇口径一六インチ砲（従来は四五口径）九門を搭載、基準排水量は四万五〇〇〇トンとして計画された。

舷側甲鉄配置および厚さはサウス・ダコタ級とほぼ同じだが、外板を上甲板まで延長している。水平防御はやや増厚されている。船底は他級と同様三重底である。

本級は機関部が、缶機一室から缶室と機械室が分離され、前後に八区画となって機関部の抗堪性は非常にすぐれているが、そのため装甲範囲もふえて甲鉄重量は一万八四〇〇トン強になっている。全体的にもっともバランスのとれた強力な防御の戦艦といえるであろう。

●日本「大和」型

日本海軍が条約明けとともに、また条約の制限をうけずに建造した最初にして最後の戦艦で、「大和」が昭和十六年、僚艦「武蔵」が十七年に完成、三番艦「信濃」は空母に変更のうえ十九年に竣工した。

四六センチ砲三連装三基搭載、基準排水量六万二〇〇〇トン。舷側水線部に四一〇ミリ（一六インチ）傾斜二〇度の甲鉄をほどこした点、また所要甲鉄重量約二万二九〇〇トンはもっとも重防御の戦艦といえる。水線部甲鉄は水線下二・五メートルで終わり、その下部は、船底に達する最大厚さ二〇〇ミリの水中防御用のテーパー甲鉄が配置され、その外側にバルジ、内側に縦壁による二層の水密区画が設けられていた。

このような防御方式に対し、舷側甲鉄は、昭和十八年の被雷時、下部支持構造に問題があると判明し、またテーパー甲鉄は、水中爆発時の弾片防御には役立つが、液層をふくむ多層防御方式のように圧力の分散、浸水の局限には寄与しなかった、との批判もある。

水中防御は中甲板の二〇〇ミリ厚さの甲鉄で、四層合計で八・六二五インチ（二一九ミリ）のアイオワ級にほぼ対応するものであろう（耐弾効果は、同じ厚さなら一枚の方が優れているといわれる）。

機関区画をできるだけ短縮し、集中防御方式が採用されたが、反面、浸水を局限して戦闘能力を維持させる配慮は十分でなかったのではないか、との指摘もされている。

「大和」と「武蔵」は、圧倒的な米軍機の攻撃を受けて沈没した。上記のような防御上の瑕《か》瑾《きん》はあったにしても、敵の制空権下の洋上では不沈ではありえず、沈没までの経過にちがいはあっても、結果は同じだったと思われる。これは既述のプリンス・オブ・ウェールズや、後記のビスマルク（Bismarck）などについても同じ、といえるであろう。

仏と独の宿命の対決

●仏ダンケルク（Dunkerque）級

同型二隻が一九三七年と三八年に完成し、一連の近代戦艦の先駆となった小型（基準排水量二万六五〇〇トン）、高速（二九・五ノット）の戦艦である。

ドイツのポケット戦艦に対処するため三三センチ砲四連装二基を主砲とし、同戦艦の二八センチ砲にたえる装甲として水線部に傾斜一〇度、厚さ二四〇ミリ（下端一四〇ミリ）の内舷甲鉄をそなえた。水中防御縦壁はできるだけ舷側から離し、外板と融壁の間は一部液層のほか、外側の空所には水中爆発衝撃の吸収と浸水量減少のため、特殊な物質が充塡されていた（このような対策はネルソン級など一部でも実施された）。

防御範囲は艦の長さの約六割の集中防御方式で、防御にさかれた重量は全体で約一万一二〇〇トン、常備排水量の三七パーセント弱、この程度の大きさの艦としてはかなり重防御であり、とくに水中防御のすぐれた艦といわれている。

●仏リシュリュー（Richelieu）級

一九三五年に計画され、ネームシップは一応一九四〇年に竣工したが、僚艦ジャン・バール（Jean Bart）は第二次大戦の影響で四九年、設計を一部変更のうえ、完成した。三万五〇

○○トン型、主砲は三八センチ砲四連装二基で、配置その他ダンケルク級の拡大改良型である。
舷側甲鉄は厚さ三三〇ミリ、舷側の水中防御構造の全体幅は約八メートル、最内部の縦壁厚さは三〇ないし五〇ミリ、水平防御は舷側甲鉄頂部の第二甲板面で一五〇ないし一七〇ミリ、その下方第三甲板は弾片防御用として四〇ミリ（外舷部は五〇ミリ）、下方に傾斜して舷側甲鉄下端に接続しており、これらの考え方はいずれもダンケルク級に準じたものであった。

防御重量は約一万六四〇〇トン、常備状態の三八パーセント弱で、同級よりさらに重かった。なおジャン・バールは主として浮力増大のため、バルジを装備して完成した。本級はいわゆる条約型戦艦のうち、米のサウス・ダコタ級とともに、防御にもっともすぐれていた、との評価がある。

戦艦リシュリュー。３万5000トン型戦艦で1940年に竣工した。

●独シャルンホルスト級

ドイツがベルサイユ条約破棄後まず建造した主力艦で、仏のダンケルク級を意識し、基準排水量は二万六〇〇〇トンと公表されたが、実際は三万一八〇〇トンあった。

既述のように高速で、主砲は二八センチ砲三連装三基とめだたなかったが、防御は舷側甲鉄が水線部で三二〇ミリ、下端で一七〇ミリ、垂直装備で比較的幅が広がった。水中防御は舷側から五メートル強のところに四五ミリ防御縦壁を設けていた水平防御は上甲板が五〇ミリ、第三甲板が一〇五ミリで、外舷部は下方に傾斜して舷側甲鉄の下部に接続していた。

この主水平防御甲鉄の位置がひくく、ほぼ水線部にあったのが特徴だが、一九四三年、英艦隊と交戦のすえ沈没したさいの抗堪力は、二年前にやはり英部隊の攻撃を受けて戦没した、つぎにのべるビスマルクに匹敵するものがあったといわれる。

戦艦シャルンホルスト。竣工時に撮影。排水量３万1800トン。

●独ビスマルク級

シャルンホルスト級につづいて一九四〇年、四一年に同型二隻が就役した通称三万五〇〇〇トン型（実際は四万一七〇〇トン）戦艦で、主砲は三八センチ連装砲四基をそなえたが、装甲の厚さや装備方法は、一まわり小型のシャルンホルスト級とほぼおなじである。本級は同時期の英戦艦に比べれば全体としてすぐれていたが、防御について過大評価されることが多かった、とも指摘されている。

戦艦ヴィットリオ・ヴェネト。水中防御方式に特徴があった。

一九四一年、大西洋に出撃したビスマルクがプリンス・オブ・ウェールズの一弾を舷側に受け、缶室の一つが浸水、発電機一基が使用不能となり、サン・ナゼールへの帰港を必要とするにいったのは（本艦はその途中で戦没した）、そのへんの事情の一端をしめすものであろう。

イタリア船匠の独創

●伊ヴィットリオ・ヴェネト（Vittorio Veneto）級

ダンケルク級、シャルンホルストにつづく主力艦で、三万五〇〇〇トン型戦艦（実際は四万一〇〇〇トン強）の第一陣として着工され、一九四二年までに同級三隻が完成した。

本級の防御の最大の特徴は、水中防御にいわゆるプリエーゼ（Pugliese）方式を採用したことである。この方式は外板と、丈夫な水中防御縦壁の間に設けた液層のなかに、中空の大きな円筒を寝かせて固定し、魚雷命中時は円筒の移動、ついで円筒圧壊時の気体、液体混合物の擾乱で爆発のエネルギーを吸収するもので、スペースは必要とするが、比較的軽量で有効とされた。

しかし、一般の防御隔壁が膜として変形するさい、エネルギー吸収能力が変形につれて高くなるのにたいし、中空円筒はいったん圧壊がはじまると、エネルギー吸収能力が急激に低下する。

至近爆発にたいして柔軟性がなく、全体システムを内側に変位させる、構造が複雑で修理が困難なことの欠点があり、本級の三番艦ローマ（Roma）がドイツの無線操縦爆弾一発で沈んだのは、上記の欠陥によるとの見解もある。

なお本方式は、本級にさきだって大規模な近代化を実施した戦艦アンドレア・ドリア（Andrea Doria）級などに採用されたものである。

第2章

3

世界最大〝赤城級〟大改造の秘密

阿部安雄

■日本海軍の大英断

三層式の特異なスタイルから近代的な空母への変身

ものたりない新空母の能力

ワシントン軍縮条約により、建造中の主力艦から変更されて空母になった「赤城」と「加賀」は、基準排水量を二万六九〇〇トンと称したが、実際には約二万九五〇〇トンの大きさで、当時アメリカ海軍のレキシントン型につぐ世界第二位の巨大空母だった。

しかし、空母としての基本構成は、三層式飛行甲板で、その上に艦橋構造物をもたぬ平甲板型を採用するなど、その後の飛行機の発展に適応しえぬ不都合な点がおおく、さらに航空艤装の面でも未熟な部分が多多あり、近代空母の開祖と称されるレキシントン型にたいして、かなりの遜色《そんしょく》が見られた。

　このため、完成後わずか数年にして、両艦は性能改善および近代化のための大改装をおこなうことを余儀なくされた。もちろん、この改装にいたるまでの期間にも、おおくの改正・改善が実施され、空母としての性能向上がはかられており、改装の概要紹介にさきだって、まずこの点から話をすすめてみたい。

　多層式飛行甲板の特長は、中段および下段の飛行甲板を、格納庫内から直接、飛行機を発進させるのに使えることにあるが、艦側の要望で、完成直前に中段飛行甲板のレベルに、全幅にわたる羅針艦橋をもうけたため、操艦が無理なくおこなえるようになった。しかし、これにより上部格納庫前端が閉鎖され、中部飛行甲板からの発艦ができなくなってしまい、当初の狙いのひとつが実施不能になった。

　軽質油庫（ガソリンタンク）は陸上試験の結果にもとづいて大改造され、気密性が確保されるとともに、どの軽質油庫からも艦内随所にガソリンを供給できるように、配管系も整備された。

　新造時に装備していた縦張り式着艦制動装置は、横張り式の装置にあらためられ、着艦能力の向上がはかられた。まず「赤城」が、昭和六年にフランスのフュー式着艦装置を装備して実験をおこない、ついで萱場製作所が開発した萱場式着艦制動装置を装備した。これにともない、「赤城」から撤去されたフュー式着艦制動装置は、昭和七年に「加賀」に装備されている。

　発着艦と飛行甲板上における飛行機の指揮のための施設を飛行甲板上にそなえることが望まれ、昭和六年末から七年初頭にかけて、まず「加賀」の飛行甲板右舷側に小さな塔型艦橋がもうけられた。その後、「加賀」の改造着手により、この塔型艦橋は昭和八年九月から翌年一月にかけて「赤城」に移設された。設置場所は「加賀」の場合と同様である。

　対空兵装の強化もおこなわれ、保式一三ミリ連装機銃一〇基が装備された。これを搭載した時期はあきらかではないが、昭和八年二月の時点では装備済みだった。

　以上のほかにも、おおくの個所に改良がくわえられている。「赤城」と「加賀」の三層飛行甲板方式は、飛行機が進歩発達により高性能化し、発着艦速度が大きくなるにつれて使いにくいものとなってきた。これにくわえて、船体前部に格納庫がもうけられないため、艦型の割りに搭載機数が少ないうらみもあった。

さらに「加賀」の場合は、前身が戦艦であったため、計画速力二七・五ノット、実際速力二六・七ノットと低速で、飛行機の発着艦や艦の機動力の面で不具合な点があった。また、飛行甲板下の両舷にそって艦尾にみちびき、斜め外方に開口させた煙突はまったくの失敗で、艦尾付近の気流の状態がすこぶる悪く、着艦機に悪影響をおよぼすとともに、煙路付近の居住区はいちじるしい高温に悩まされた。

このように、「加賀」の方が「赤城」より重大な不具合点がおおかったため、昭和八年にまず「加賀」が改装に着手され、ついで昭和十年から「赤城」も改装にはいった。

かくして生まれかわった大空母

「加賀」の改装は、昭和八年九月より佐世保海軍工廠ではじめられ、十年十二月に完成した。

改装の主要点は、(1)飛行甲板を一層としこれを極力延長する、(2)搭載機数の増加、(3)速力の増加（推進機関の換装と船体型状の改善）、(4)煙突を外向き彎曲型に改造、(5)飛行甲板上に塔型艦橋構造物の設置、(6)航続距離の増大、(7)対空兵装の強化、(8)エレベーターの改善および増設——などであった。

空母「加賀」

飛行甲板は、中部および下部のものを廃止し、上部の帰着甲板を艦首部まで延長して単一甲板とした。これは、飛行機の性能向上にともなう発着艦距離の増大に対応したもので、飛行甲板の全長は二四八・六メートルになった。

搭載機数増加のため、格納庫の拡張がはかられ、前記の中部・下部飛行甲板の廃止にくわえて、羅針艦橋、二〇センチ連装砲塔などを撤去、上部と下部格納庫を艦首から二三メートルの所まで延長した。なお、下部格納庫の補用機用は廃止された。

この結果、搭載機数はそうとうに増大し、常用機が九〇式艦戦一二機、八九式艦攻三六機、九四式艦攻二四機の合計七二機、補用機がそれぞれ三機、九機、六機の合計一八機となった。

この改装で、あらたに艦橋構造物が飛行甲板右舷前方に設置された。これは、羅針艦橋、高角砲指揮所、飛行機発着艦指揮所、高角砲用射撃指揮装置、測距儀、探照灯などによって構成されているが、上部重量軽減のため、必要最少限のコンパクトな形態にまとめられた。

新造時のエレベーターは二基だったが、従来の前部エレベーターの前方、格納庫の延長部分にあらたにエレベーター一基を設置して合計三基にするとともに、後部エレベーターにつけら

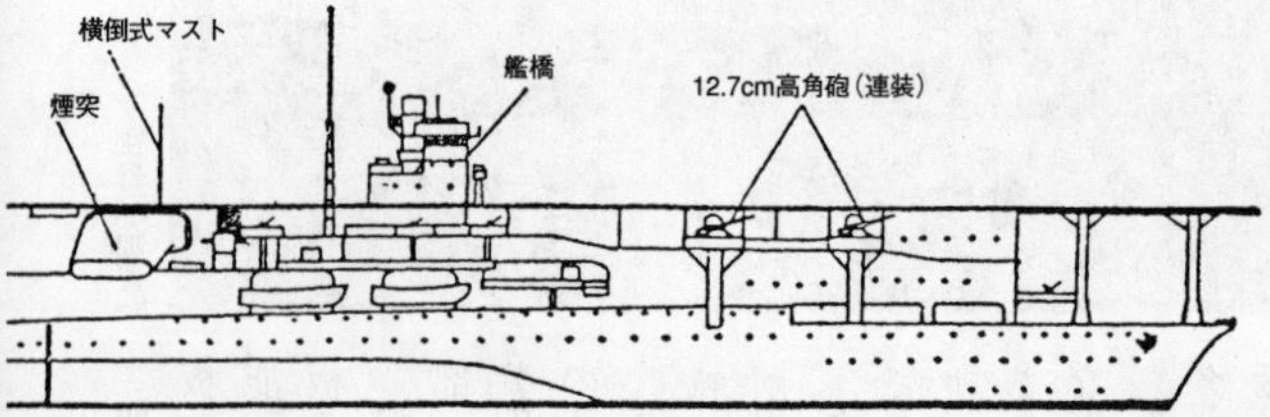
横倒式マスト
煙突
艦橋
12.7cm高角砲（連装）

右側面図

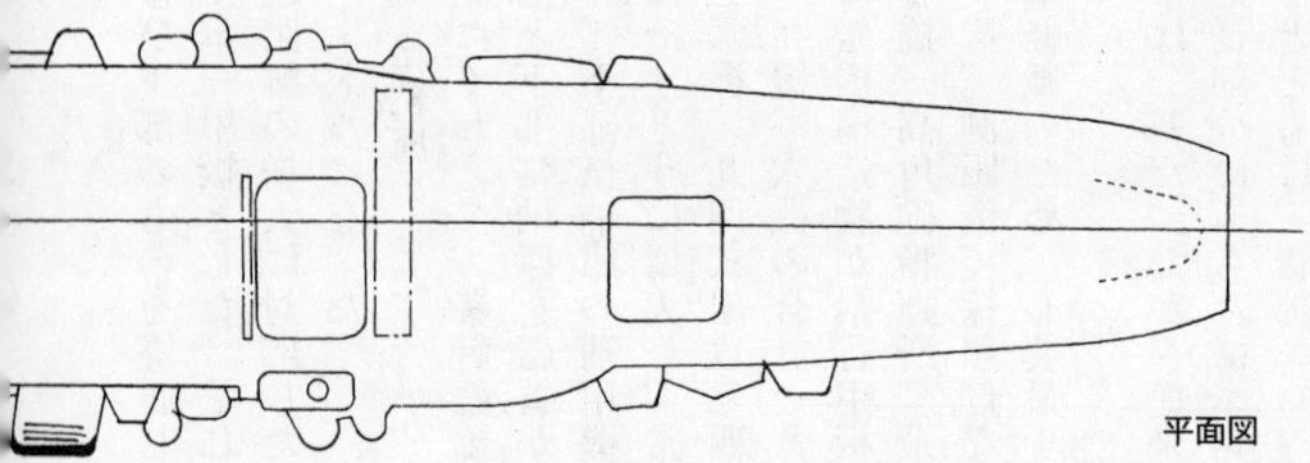

平面図

空母「加賀」改装後艦型図

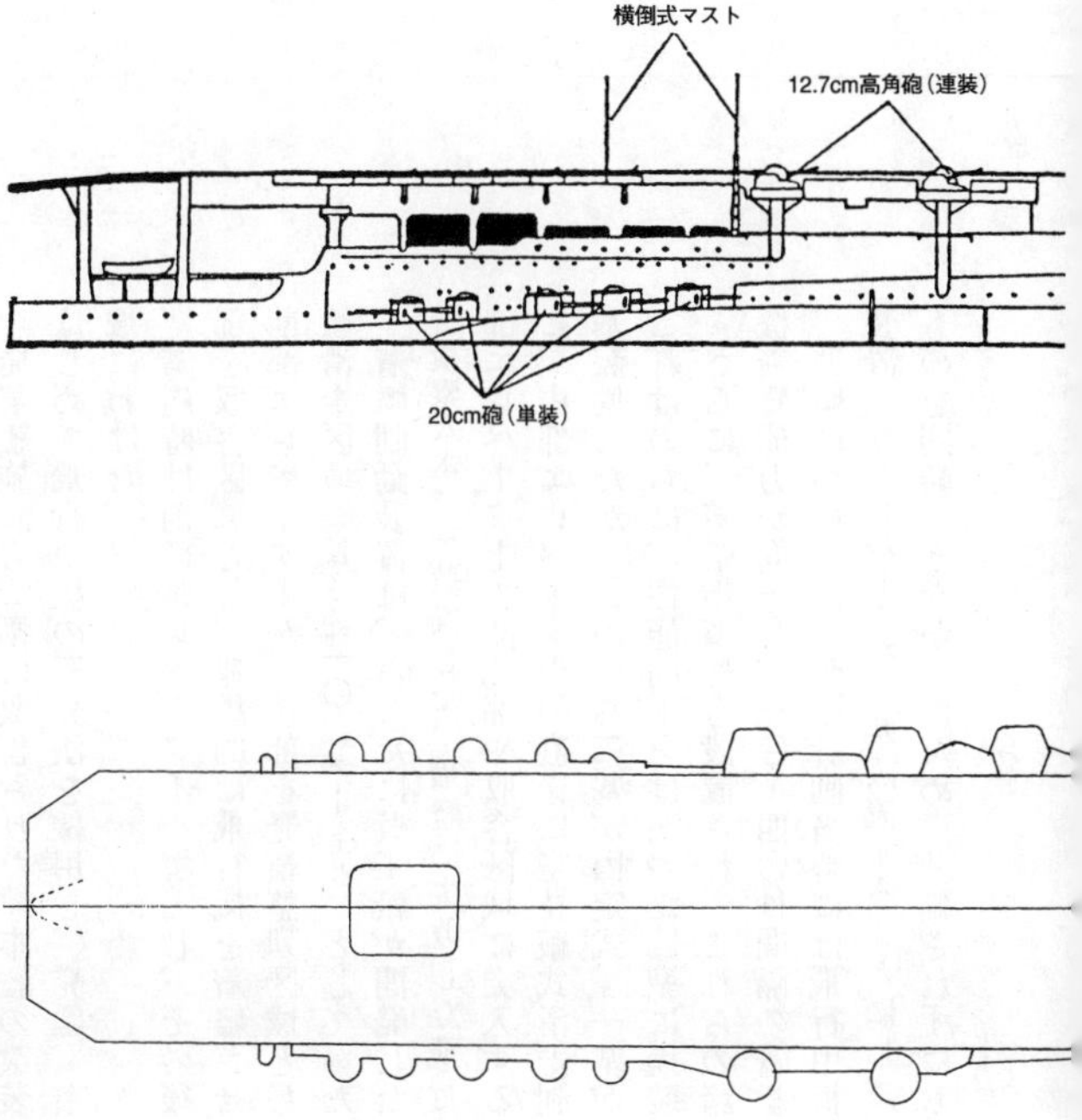
横倒式マスト
12.7cm高角砲（連装）
20cm砲（単装）

れていた天蓋は重量軽減のため撤去した。

発着艦施設も大幅に改善された。本艦の改装で、日本海軍ははじめて飛行甲板の三分法を採用し、発艦、着艦、収容の三区域にわけた。

着艦時は前部エレベーターを境とし、その後部の着艦区域前部を収容区域とし、連続的に飛行機を着艦させる。発艦時には、前部エレベーターから後部を発艦整列区域とし、その前部を発艦滑走区域（長さ約一〇〇メートル）としていた。

着艦制動装置は、あらたに呉工廠が開発した呉式四型を八基（横索八本）を装備した。着艦に失敗した飛行機が、前部、中部エレベーターの開孔部や収容区域に突入することを防ぐために、中部エレベーターの直後に空技廠式滑走制止装置一型を三基装備したが、このうち二基が固定式、一基が移動式である。これはのちに、性能向上をはかった三型に換装されている。

さらに、着艦指導灯も設置され、これらの諸設備により飛行機着艦能力が向上し、三〇〜四〇秒間隔の着艦が可能になった。

発艦については、改装計画当時には飛行甲板前部に艦発促進装置（カタパルト）を二基設置することにしていたが、有効なものを開発できなかったため、装備されずにおわった。このため飛行機は、約一〇〇メートルの滑走区域をつかって順次発艦せねばならず、発艦に関しては大きな進歩が得られなかった。

艦発促進装置の実用化が実現を見なかったことは、太平洋戦争中の日本空母の運用に大きな悪影響をあたえることになった。

おしまれる対空兵装の不備

航空機用の魚雷、爆弾、燃料は、搭載全機が三回の攻撃をしてなお、偵察と煙幕展張が可能である数量に増加され、防御甲板下の格納装置におさめられた。二基の揚爆弾筒は中継式から直通式にあらためられ、前部のものは飛行甲板まで、後部のものは上部格納庫まで、それぞれ爆弾庫から通じており、いずれ魚雷も揚げられた。

速力増大にたいしては、船体形状の改善による抵抗減少と、機関部の刷新による出力の大幅増加が実施された。本艦は前身が戦艦で、船体形状が高速に適していなかったが、艦尾を約八メートル延長して、より抵抗のすくない船型に改良した。

機関関係については、新造当時はロ号艦本式重油専焼缶一二基（大缶八基、小缶四基）とブラウン・カーチス式タービン四組を搭載して、出力九万一〇〇〇馬力、速力二六・七ノット

（実際）であったものを、この改装により、ロ号艦本式空気予熱器付重油専焼缶八基に変更、また四組のタービンのうち、内側軸の二組を「最上」型巡洋艦のものとおなじタービンに換装した。その結果、出力はいちやく一二万五〇〇〇馬力に増大し、前記の船型改善とあいまって、速力は一・六ノット増しの二八・三四ノットに向上した。

燃料搭載量はこれまでの五三〇〇トンにたいして、燃料タンクを増設して八二〇〇トンに増加し、航続距離を新造時の一四ノットで八〇〇〇カイリから、一六ノットで一万カイリに延長した。

従前の煙突は撤去され、あらたに搭載した八基のボイラーからの煙路は一本にまとめ、右舷側から外側斜めの下方に彎曲して開口部をもつ煙突がもうけられた。この煙突は、空母「龍驤」で採用されたものと同方式で、形状も似ており、飛行機の着艦に煙突からの熱煙がさまたげとならぬよう、海水のシャワーにより熱煙の上騰の防止をはかる熱煙冷却装置を装備していた。

飛行甲板延長のため撤去された二基の二〇センチ連装砲塔のかわりに、船体後部両舷のケースメートにあらたに二〇センチ単装砲を二基ずつ装備した。したがって、改装後も二〇センチ砲の装備数は一〇門で従前とおなじだったが、このケースメートの砲を一斉射撃すると、爆風が飛行甲板を吹き上げるので、とても効果のある砲撃は望めなかった。

対空兵装は、かくだんに強化された。これまでの一二センチ連装高角砲はすべて撤去され、あらたに一二・七センチ連装高角砲八基を両舷に四基ずつ装備し、その位置も従前よりいちだんと高くして、反対舷三〇度以上の仰角にたいしても射撃可能とした。これとあわせて、九一式高射装置が装備されている。一三ミリ連装機銃も撤去され、あらたに二五ミリ連装機銃一一基とその射撃指揮装置が装備され、近接防空火力はいちじるしく向上した。

このような改装により「加賀」の排水量は、基準状態で三万八二〇〇トン、公試状態で四万二五〇〇トンに増大し、重心の上昇をまねいたので、船体中央部水線部分にバルジが新設された。

「加賀」の改装が計画されたのは昭和八年のことで、当時は搭載機数の増大をねらい、艦首まで格納庫の設置、操艦および飛行機運用指揮を便利にするため大型艦橋構造物の設置、着艦機

昭和8年の「加賀」改装計画による船型

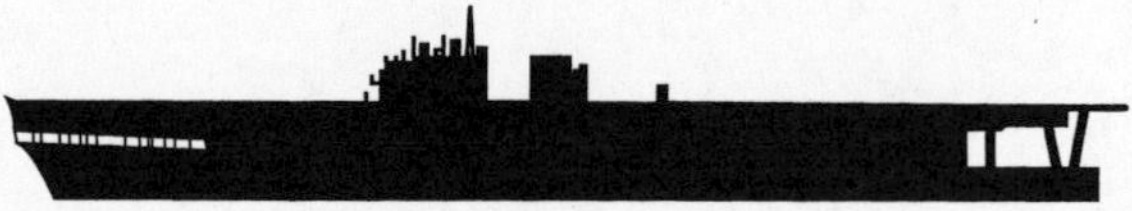

福井静夫著「海軍艦艇史3／航空母艦」より

への気流の影響を避けるため直立煙突の採用などがもりこまれ、上図のような艦型にされる予定だった。

しかし、昭和九年三月の「友鶴」転覆事故により、重心降下および風圧側面積比減少のため、改装計画が見直された結果、格納庫、飛行甲板、艦橋構造物などが縮少され、煙突の設置方式も設計変更されて、すでに解説したような形態の艦になった。

「加賀」の改装は、性能向上をふくんでいたため、後で述べる「赤城」の場合より、はるかに大規模なものであった。これより、速力の点でなお物足りなさがあるとはいえ、面目を一新して近代航空戦に応じ得る大型空母に生まれかわった。

だが、昭和八年の計画とはいえ、二〇センチ砲をわざわざケースメートに増備したことは、いかにも先見の明を欠いた不適切な処置であった。むしろ「赤城」ともども、この改装で二〇センチ砲を全廃し、改装の労力、費用、重量などの軽減をはかるべきだったものと思われる。

失敗だった左舷艦橋

「加賀」にひきつづいて、「赤城」は昭和十年十月から佐世保工廠で改装に着手され、十三年八月に完成した。本艦の改装にさいし、軍令部の要求項目は次のようなものであった。(1)飛行甲板を最上層の一層とし、かつ延長する、(2)格納庫の増設と搭載機数の増加、(3)対空兵装の強化、(4)飛行甲板上に塔型艦橋構造物の設置、(5)エレベーターの改善と増設、(6)航空機用の燃料、爆弾、魚雷の搭載量増加と関連装置の改良、(7)すべての缶（ボイラー）の重油専焼化と後部煙突の下方彎曲化。

この要求にたいして、予算が十分に得られないので、「加賀」にくらべて不具合点がすくない本艦の改装規模は小範囲にとどめることを余儀なくされた。けっきょく新型高角砲への換装、撤去した二〇センチ連装砲二基分（四門）のケースメート増備、機関部の大幅な刷新などは実施しないことにし、この範囲で前記要求事項をできるだけみたすように改装計画がまとめられて、実施された。

三層式飛行甲板方式をあらためて、上部飛行甲板を艦首部まで延長し、格納庫を前方まで拡張したことは「加賀」の場合と同様である。これにより飛行甲板の全長は、約三二メートル増して二四九メートルとなった。

本艦の上部格納庫は、新造時には重量軽減のため、サイドに壁面をもうけぬ開放式とされていたが、この改装のおりに本格

改装後の「赤城」「加賀」要目表

艦名	赤城	加賀
基準排水量(t)	36500	38200
公試状態排水量(t)	41300	42541
全長(m)	260.67	247.65
水線幅(m)	31.32	32.50
平均吃水(m)	8.71	9.48
飛行甲板長(m)	249.17	248.58
飛行甲板幅(m)	30.48	同左
主機械数	タービン4組	同左
主缶数	19基	8基
軸馬力(HP)	133000	127400
速力(kn)	31.2	28.34
航続距離(kn/nm)	16/8200	16/10000
兵装	20cm単装砲6基 12cm連装高角砲6基 25mm連装機銃14基	20cm単装砲10基 12.7cm連装高角砲8基 25mm連装機銃11基
飛行機搭載数	常用　66機 補用　25機	常用　72機 補用　18機
乗員数(人)	2000	同左

的に密閉式に改造されたようである。

格納庫の増設により、搭載機数はそれまでの五割増しとなり、常用機が九六式艦戦一二機、九六式艦攻三五機、九六式艦爆一九機の合計六六機に、補用機はそれぞれ四機、一六機、五機の合計二五機という内容だった。

艦橋構造物は「加賀」と同方式だが、やや大型化したものが、飛行甲板左舷側に設置された。

当時、航空本部は、改装後の「加賀」のように艦橋構造物を飛行甲板上の前寄りにおくと、飛行機発着艦運用上、具合が悪いので、中央部に設置するよう要望していた。

このため、木製の実物大艦橋

模型をつくり、本艦の甲板上に仮設して実験のうえ、中央部に設置することを決定したが、中央部右舷側には煙突があるので、世界空母史上はじめて左舷側に艦橋構造物を設置した。

この設置方法は、艦橋構造物と煙突の重量を左右にふりわけられるので、重量バランスの面で好都合だったが、改装完成後、実際につかってみると、かえって飛行機の発着艦に不都合なことがおおく、本艦と「飛龍」に採用されたのみでおわった。

エレベーターは「加賀」の場合とことなり、飛行甲板の中央部に一基を新設して合計三基とした。前部エレベーターは、従来のものは艦の首尾線方向に長い矩形だったものを、格納庫内の飛行機運用上から、首尾線方向と直角に長方形をもつ形状にあらためた。

なお、後部エレベーターの天蓋は、本艦の場合は復原性能に影響がないので、そのままとされた。

発着艦装備も「加賀」とおおむね同方式とされたが、着艦制動装置は呉式四型を一〇基（横索一〇本）装備した。また滑走制止装置は、最初から空技廠式三型を五基装備したが、そのうちわけは固定式二基、移動式二基、応急用一基である。

艦発促進装置も「加賀」と同様に二基装備の計画とされ、その装備予定位置の工事もおこなわれていたが、ついに設置されることはなかった。

「加賀」を上回った「赤城」

航空機用の魚雷、爆弾、燃料の搭載量および揚爆弾筒の改良方式は、「加賀」のケースと同一である。

推進機関については、本艦は空母として十分の速力（三一・七五ノット）を有しており、かつ前記のように予算の都合もあるので、新造時に搭載していたロ号艦本式重油専焼缶一一基、および技本式高低圧タービン四組は、いずれも更新されなかった。

しかし、八基のロ号艦本式小型混焼缶は四基を廃止し、残る四基が重油専焼にあらためられ、また新造時に重油三九〇〇トン、石炭二一〇〇トンだった燃料搭載量は、燃料タンクを改造して重油五七七〇トンの搭載にあらためられた。したがって、機関出力は若干増加の一三万三〇〇〇馬力となったが、この改装で排水量と船体幅が増加したため速力がやや低下して三一・二ノットになった。

航続距離は前記のような重油燃料の増加にともない、それま

空母「赤城」

での一四ノットで八〇〇〇カイリから一六ノットで八二〇〇カイリに増大している。

これまで上向きに装備されていた後部煙突は、前部煙突にまとめられ、これにより本艦は右舷外方斜め下向きに彎曲した巨大な一本煙突を装備することとなった。煙突が一本にまとめられたため、着艦機にたいする気流の悪影響がきわめて少なくなり、全速力でも発着艦が可能になり（従来の後部煙突の缶は巡航用だった）、改装によっていくぶん速力が下がったが、実質作戦能力はかえって向上したものと見られる。

缶室の給気は、大部分はこれまでの給気孔（右舷側）を利用し、一部を左舷側からとるようにした。後方の缶室が煙突の排気を吸いこまぬよう、右舷側の給気孔の位置と給気路を改善している。機械室の通風の空気は、煙突が右舷にあるため、左舷側からとり、緊急時のみ右舷からとるようにした。以上の方式は、「加賀」もほとんど同様である。

機械室の通風取入口を左舷側に集中したため、ミッドウェー海戦でわが空母は、艦前部の火災の熱気を機械室に吸いこんで、機関科員全滅、運転不能になり、ついに沈没の悲運をまねいた。艦の被害時を思えば、機械室の通風取入口を両舷におくべきだ

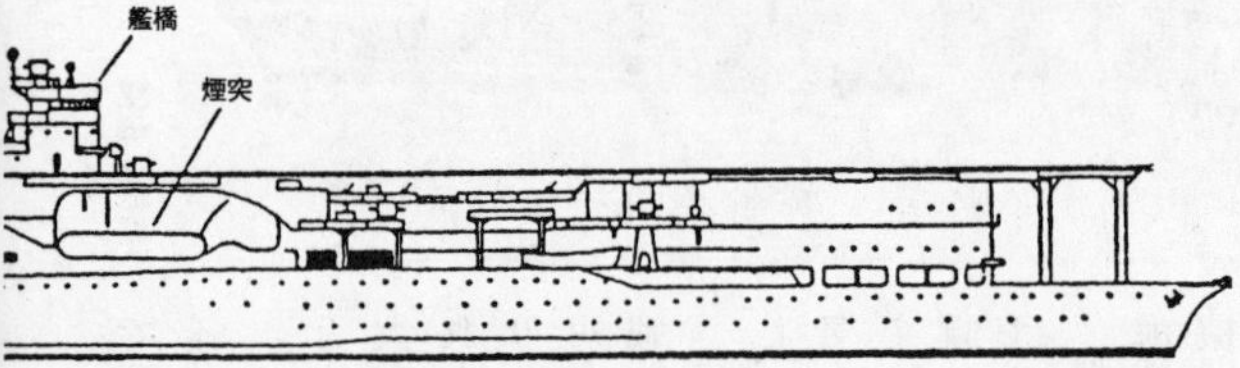

右側面図

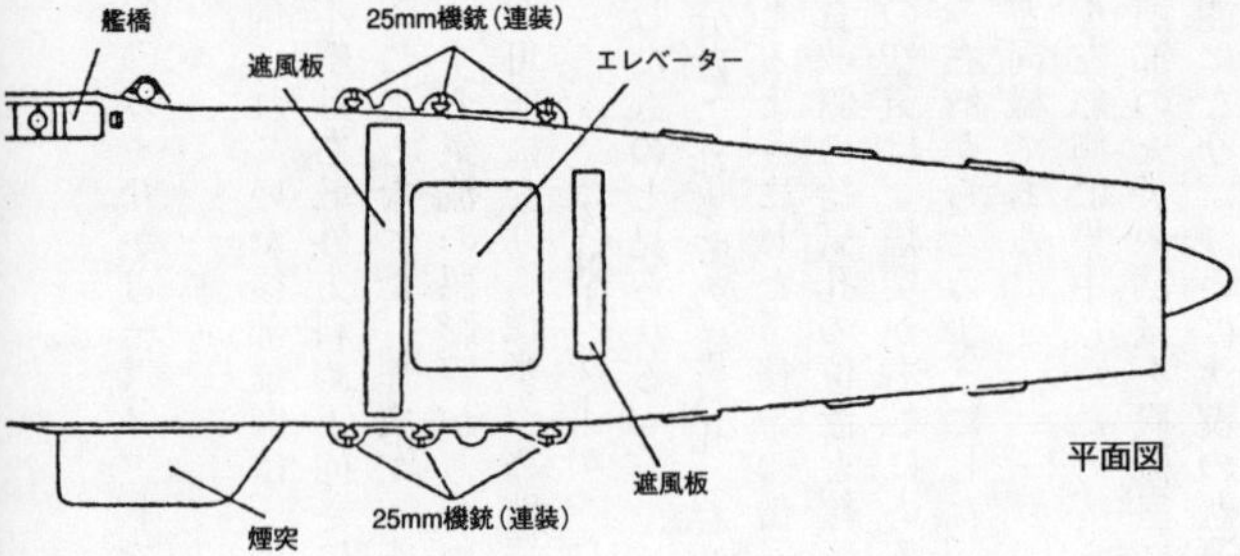

平面図

空母「赤城」改装後艦型図

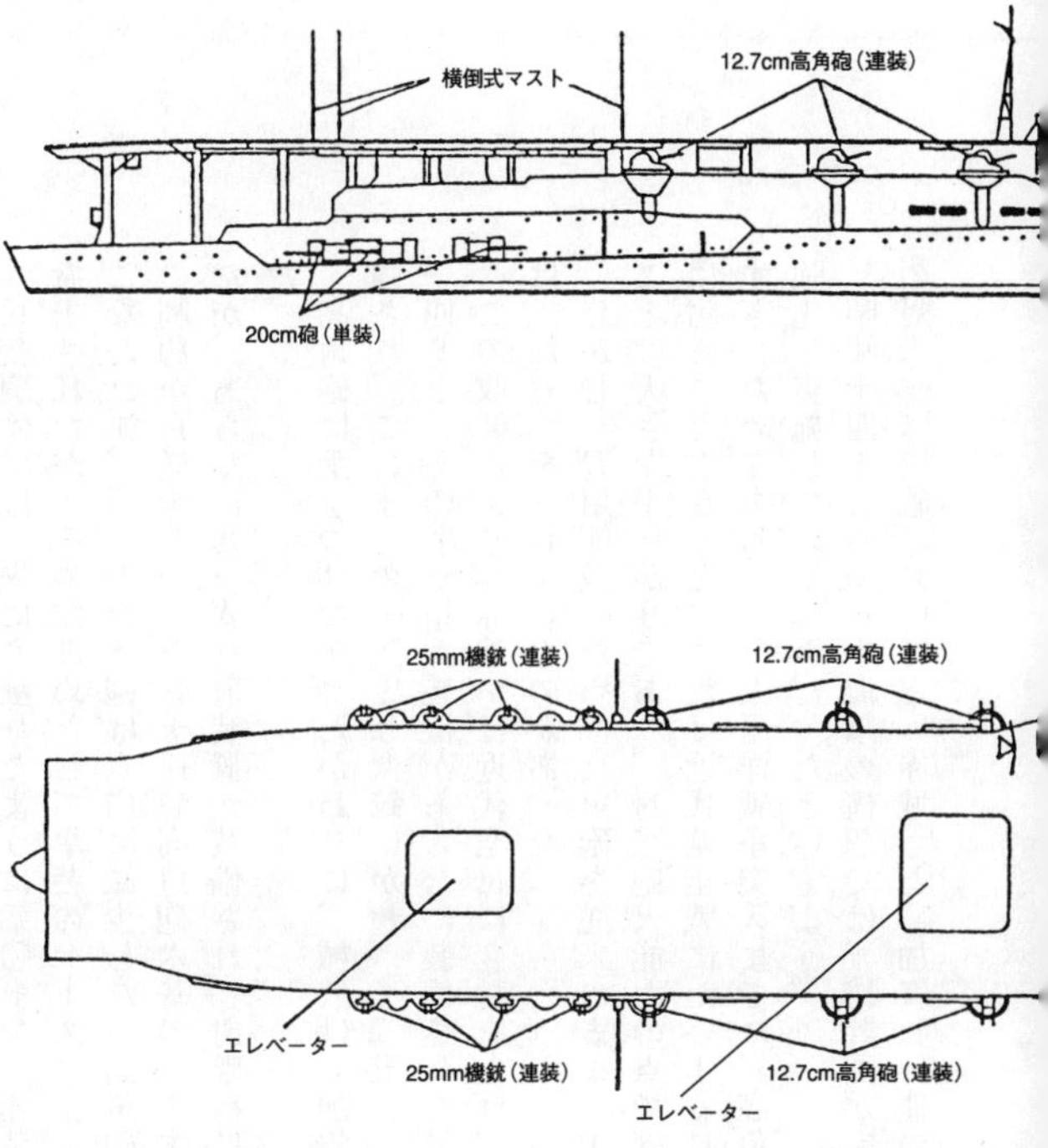
横倒式マスト
12.7cm高角砲（連装）
20cm砲（単装）
25mm機銃（連装）
12.7cm高角砲（連装）
エレベーター
25mm機銃（連装）
12.7cm高角砲（連装）
エレベーター

ったといえよう。
兵装関係では、先にも触れたように二〇センチ連装砲二基が撤去されたが、その穴埋めとして単装のケースメート増備はおこなわれず、二〇センチ砲は六門に減少した。高角砲は、予算の制約から従来の一二センチ連装高角砲六基のまますえおかれたが、あらたに九一式高射装置が装備され、射撃精度が向上した。

高角砲に手をつけなかったかわりに、械銃は「加賀」より増強され、これまでの一三ミリ機銃にかわって二五ミリ連装機銃一四基と、その射撃指揮装置があらたに装備された。

この改装により「赤城」は近代空母に変貌をとげ、その性能は「加賀」をうわまるものがあった。

しかし、費用節減のため、高角砲を従来のままにすえおいたことは大きな手抜かりであり、対空砲火能力の点では「加賀」に劣ることとなった。これは近代航空戦にたいする見方があますぎたためであろうが、太平洋戦争突入までに、高角砲の刷新強化を実施しておくべきだったといえよう。

昭和十四年ごろの日本海軍の構想では、㊃計画が完成した暁の対米艦隊決戦において、「赤城」と「加賀」は他の商船改装空母三隻とともに、決戦夜戦部隊（前進部隊）に所属して、敵主力艦およびその他の艦艇を攻撃する任務が考えられていた。

昭和十六年に立案された㊄計画で既存空母への搭載機増加がもくろまれ、「赤城」は常用機を艦戦二四機、艦攻（兼艦爆）三六機、艦偵六機の合計六六機、「加賀」はそれぞれ二四機、四五機、六機の合計七五機として、ほかにこの機数の約三分の一を補用機として搭載することが計画されたが、実現しなかった。

以上の構想にたいして、太平洋戦争当時は日本の主力攻撃空母が六隻しかそろっていなかったため、空母集団は第一航空艦隊のみであり、両艦はこの主力として、敵主力艦、機動部隊、陸上要地などすべての目標にたいする攻撃任務が課せられた。

真珠湾攻撃作戦根の搭載機数は、「赤城」は六六機、「加賀」は七五機だった。

第3章

1

「アイオワ」対「大和」徹底比較

石橋孝夫

■日米主力艦もし戦わば

第二次大戦の最大ライバル艦の比較データブック

よみがえった最後の戦艦

一八六〇年から約一〇〇年にわたって海上の王者として君臨してきた戦艦（バトルシップ）が、一九八〇年代にはいって復活したのが、アメリカ海軍のアイオワ級戦艦四隻である。

戦艦と軍艦の区別のつかない大手新聞が多い昨今、もはや大艦巨砲を身上とした戦艦が二度と現役にもどることはないと思っていただけに、その復活はひじょうに劇的であった。

戦艦といえば、だれもがまず思うのが日本の生んだ空前絶後の大戦艦「大和」型であり、これにたいして前述のアイオワ級は、アメリカが生んだ最強の戦艦であった。

このアイオワ級と「大和」型は、太平洋戦争中に対戦するチャンスはなかったが、もしこの両者が洋上で交戦したらという架空ストーリーは、けっしてすくなくはない。

本来、洋上で戦艦同士による艦隊決戦を目的として建造された「大和」型が、航空機により撃沈された悲劇と同時に、アイオワ級にしても、本来の目的である日本戦艦との砲戦の機会のないまま生涯を終えようとしたときに、トマホーク巡航ミサイルとハープーン対艦ミサイルで再武装されて再出場したもので、その巨砲と厚い装甲がはたして生かされているかといえば、疑問がないわけではない。

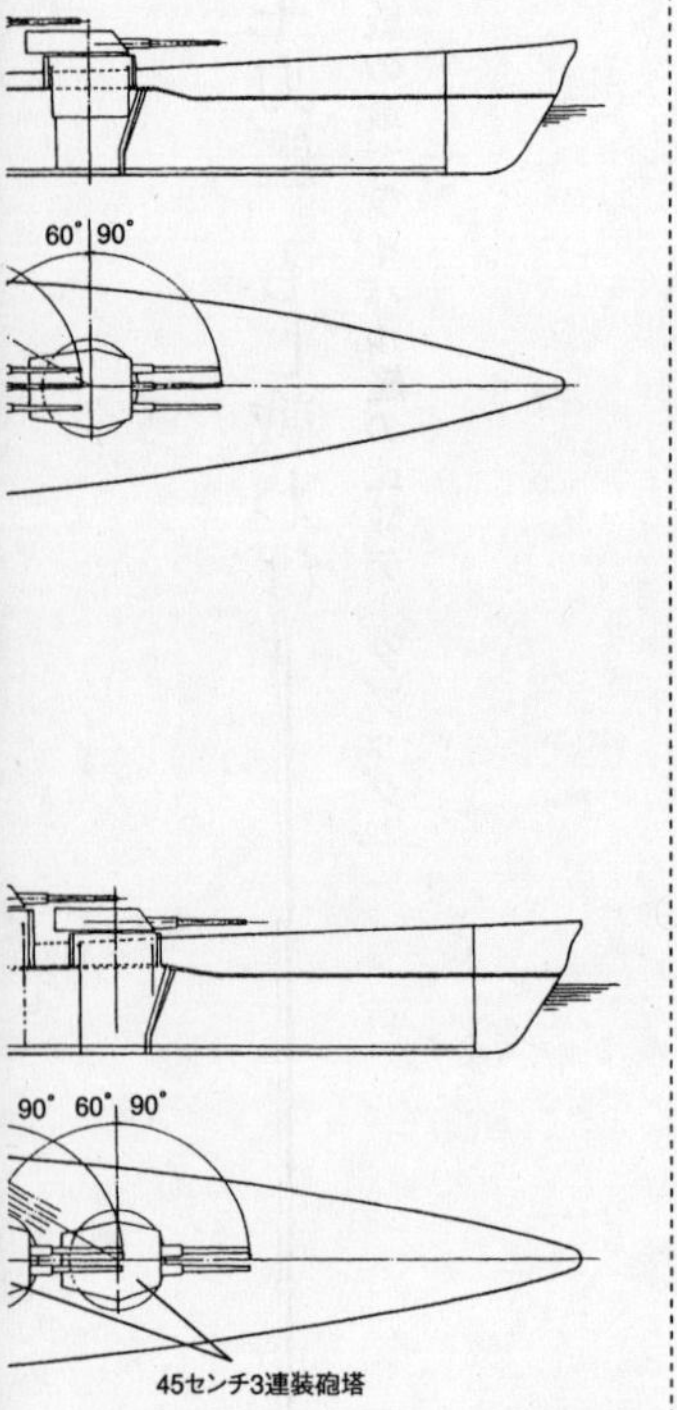

A140　A案

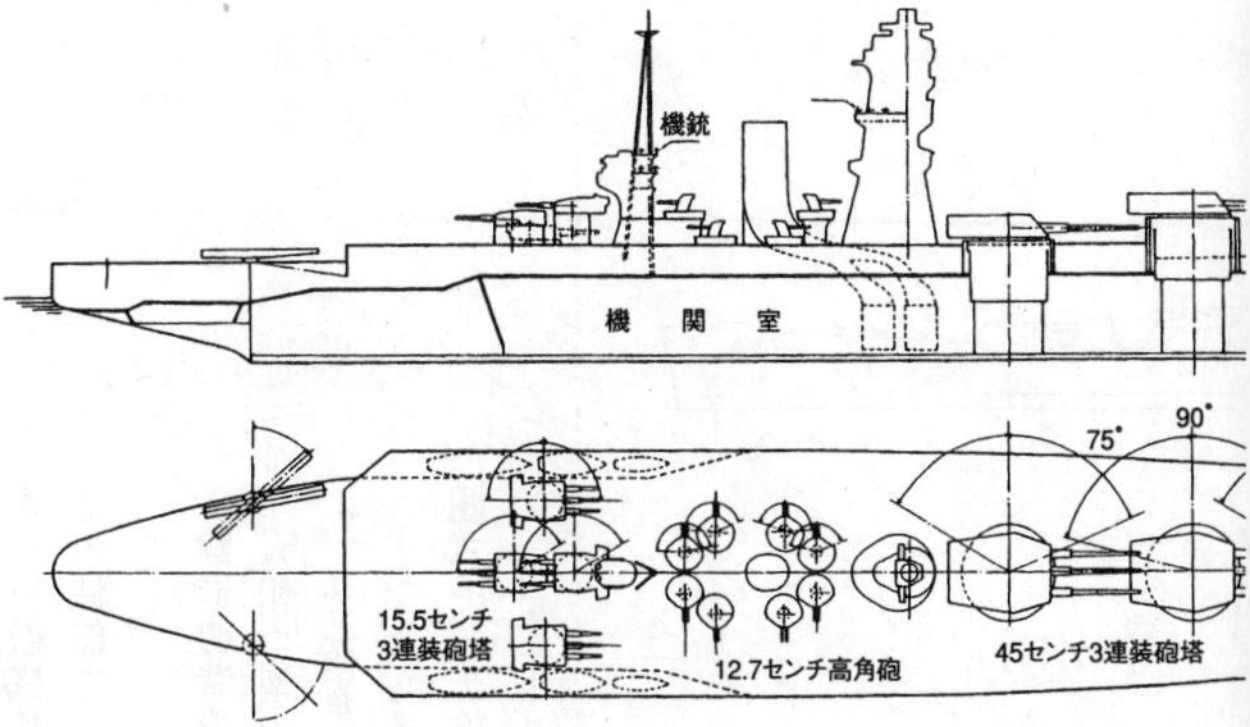

A140　A2案

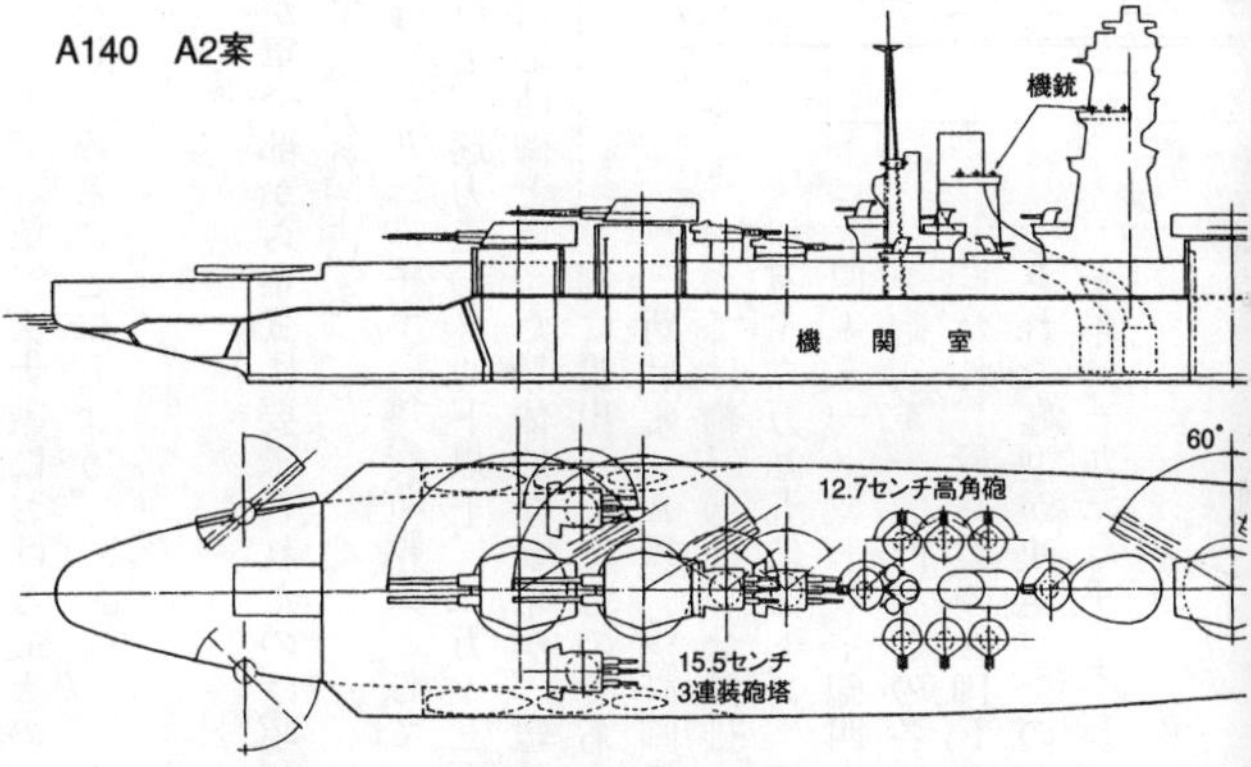

ここでは一九四五年にタイムスリップして、「大和」とアイオワを徹底比較することで、第二次大戦における最大のライバルの性能を、洗いだしてみることにしよう。

建造の背景

「大和」型の計画が軍令部から正式に要求されたのは昭和九年（一九三四年）十月といわれている。

すなわち条約明け（一九三六年末）後の新戦艦として、主砲四六センチ砲八門以上、速力三〇ノット以上、二万～三万五〇〇〇メートルでの対応防御といった具体的な要求が、艦政本部側に提出されたものである。

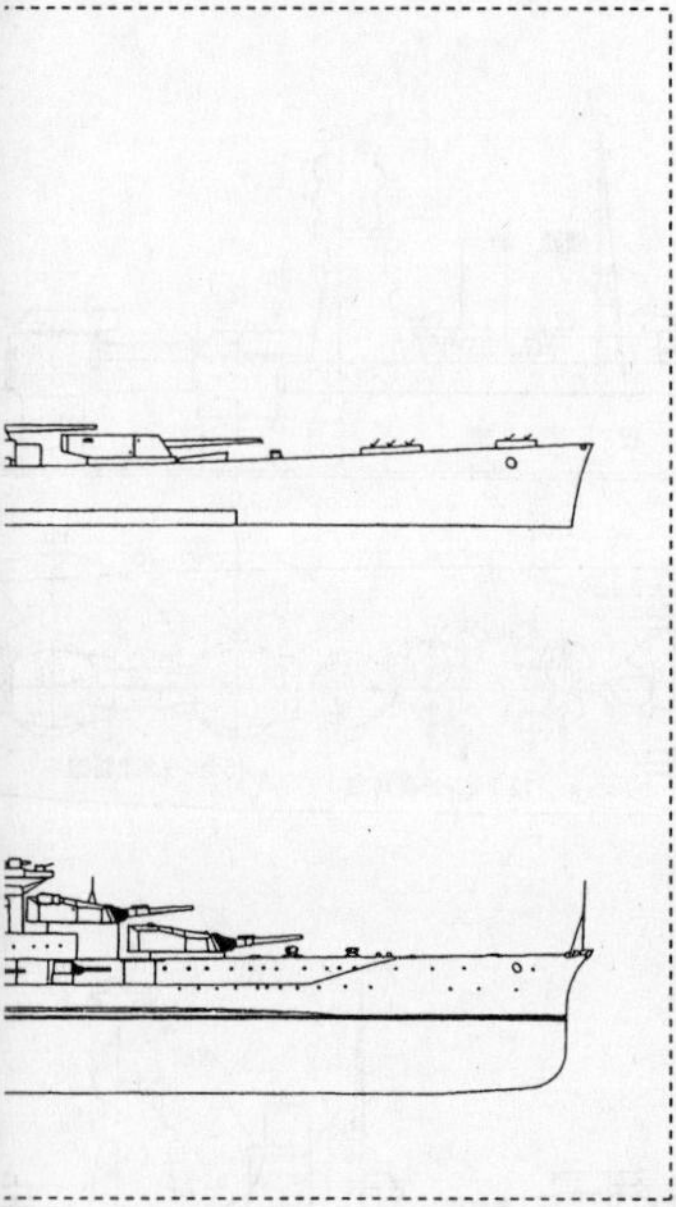

新戦艦（A140）の計画にあたっては約二〇種、公試排水量五万～六万九五〇〇トン、速力二四～三一ノット、主砲四六センチ砲八～一〇門などの各種案がもたれ、最終案のA140F5と称された艦型が決定したのが昭和十年（一九三五年）末ちかくで

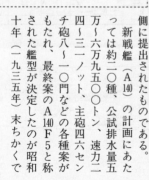

ノース・カロライナ級戦艦ワシントン

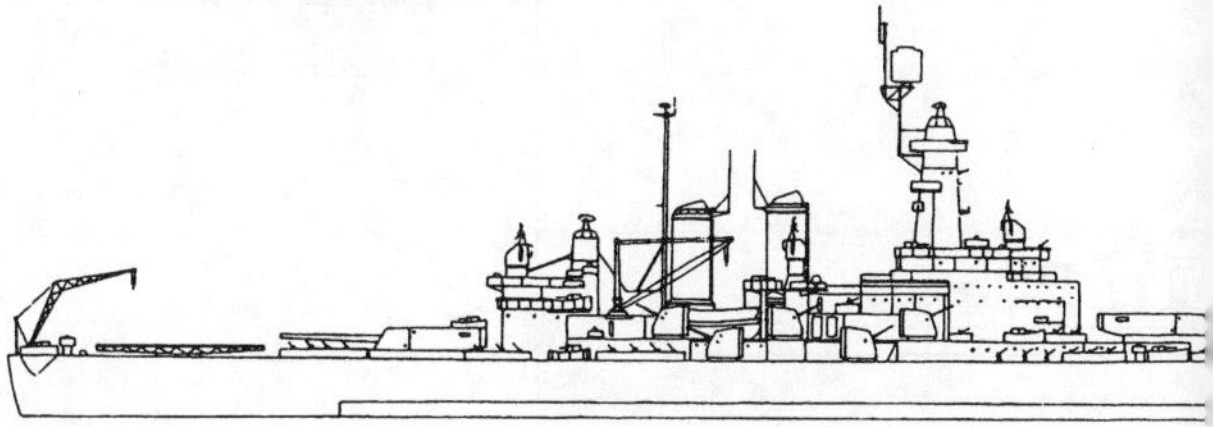

戦艦金剛（第2次改装後）

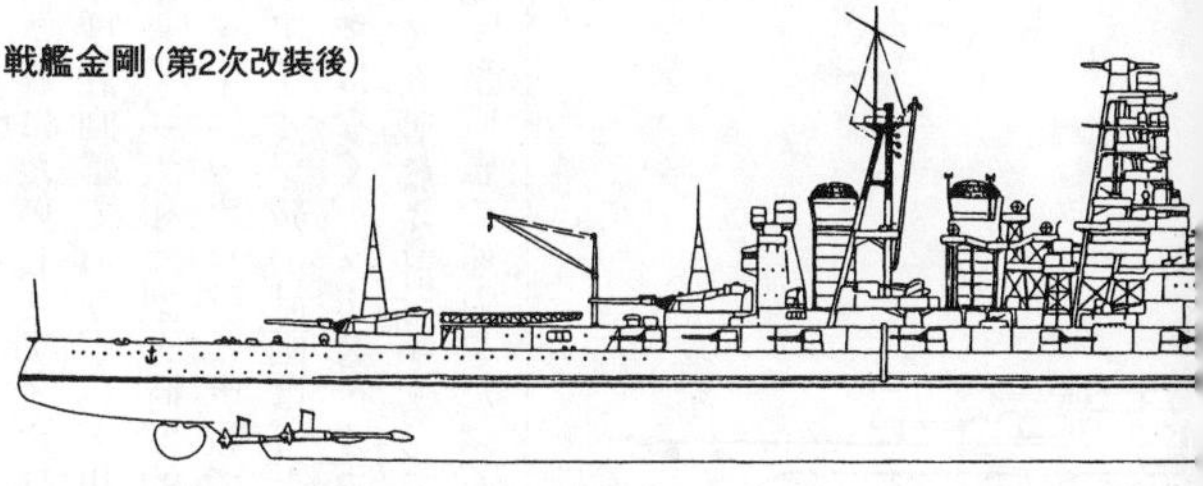

あった。

「大和」型の基本設計方針は、主砲に四六センチ（一八インチ）砲という例のない大口径砲を採用することにあった。

これは米戦艦が一八インチ砲を採用した場合、防御構造上、艦幅がパナマ運河通過可能の一〇八フィート（三三メートル）を超えてしまうという見込みから、四〇センチ砲搭載艦が出現すると予想して、数的には劣勢はまぬがれないものの、質的凌駕でこのハンディをはねかえそうとしたものであった。

「大和」型の実際の予算成立は昭和十二年度（一九三七年）、一号艦（「大和」）の起工は昭和十二年（一九三七年）十一月四日、進水同十五年八月八日、竣工同十六年十二月十六日、二号艦の「武蔵」は約八ヵ月後の同十七年八月五日に竣工している。

これにたいしてアイオワ級は、一九三九年度および一九四一年度計画艦であり、「大和」型にたいして約二年の遅れがある。本来、「大和」型と時期的に一致するのは、一九三六年度計画のノース・カロライナ級であった。

アイオワ級の計画は、とくに日本の「大和」型を意識したものではなく、ノース・カロライナおよびサウス・ダコタ級についで新戦艦を計画するときに問題となったのは、日本の「金剛」型戦艦の速力をたぶんに気にしたふしがあった。

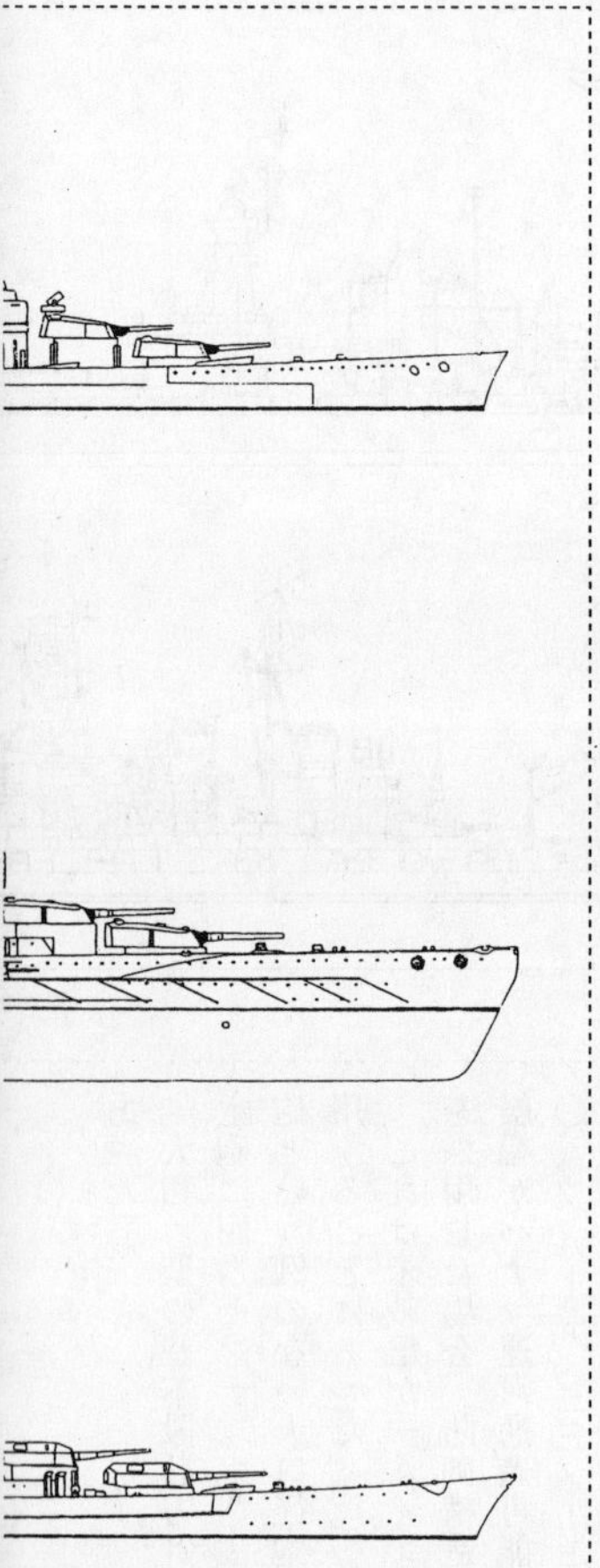

巡洋戦艦フッド

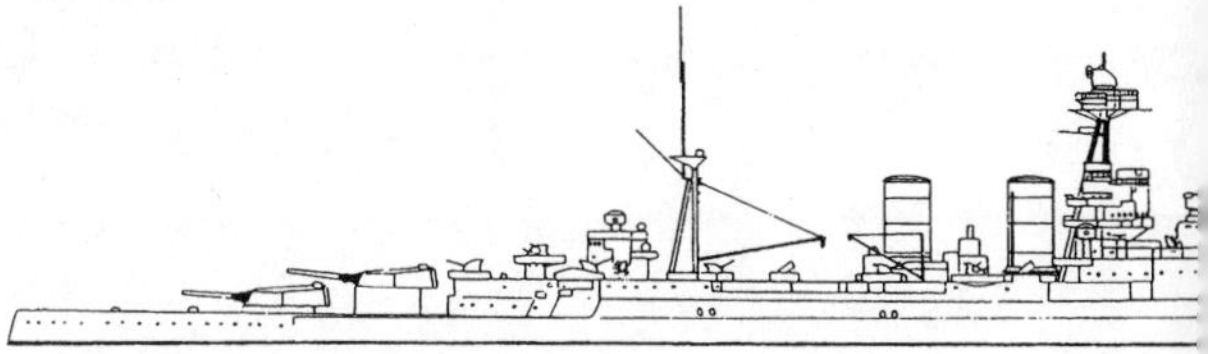

戦艦長門(新造時)

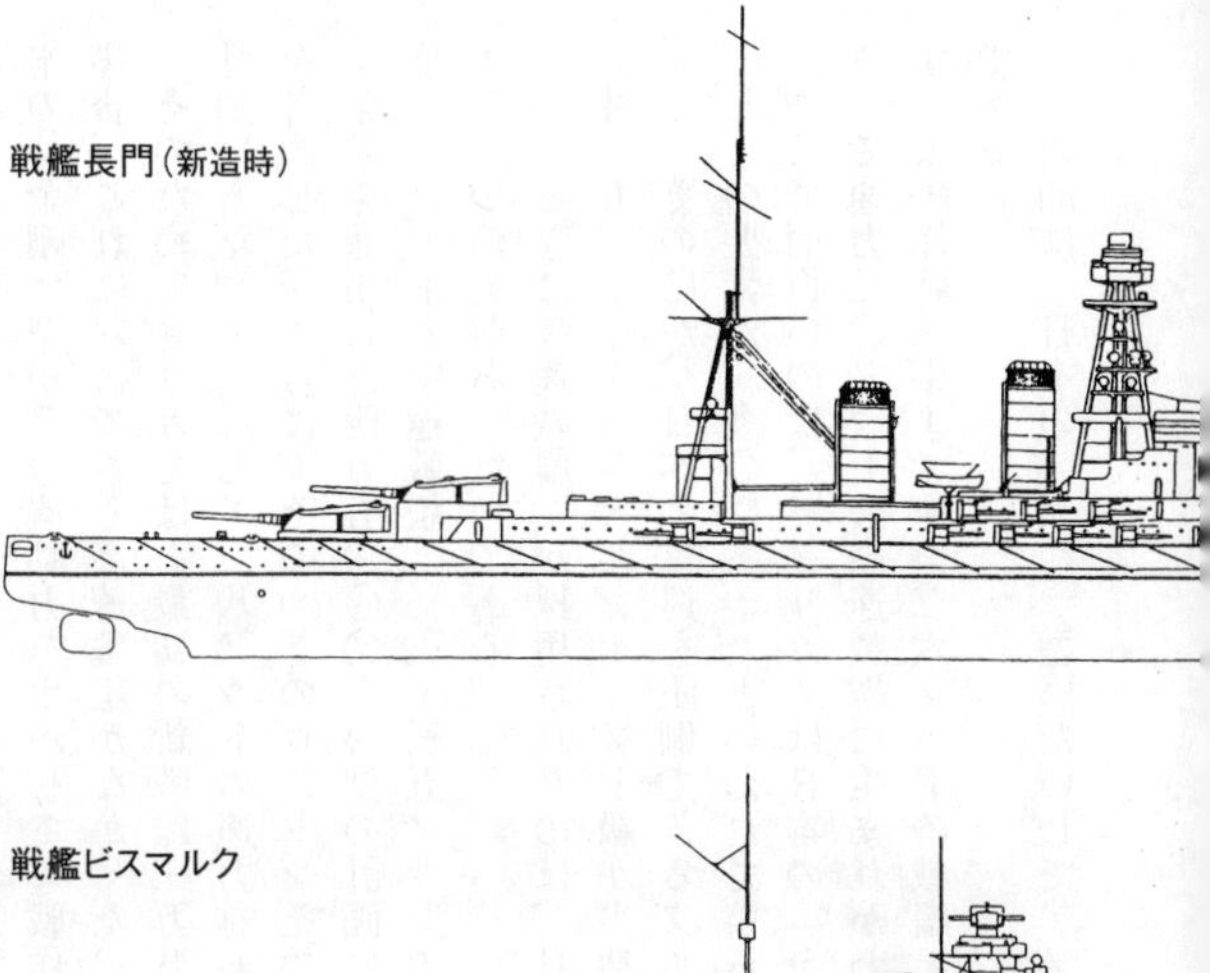

戦艦ビスマルク

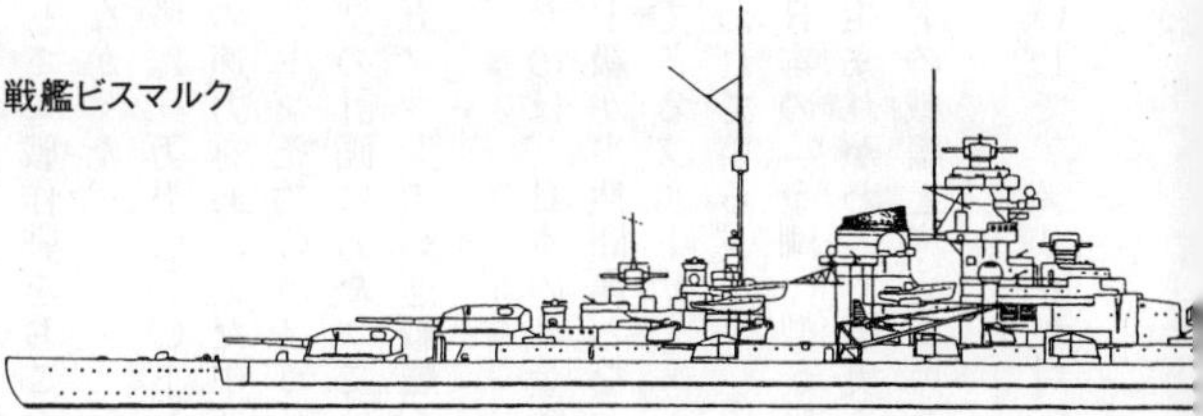

第一次大戦後のワシントン条約で巡洋戦艦レキシントン級保有のチャンスをうしなったアメリカは、低速戦艦しかなく、日本の「金剛」型がその機動力を生かして遊戦作戦をおこなった場合、これに対抗できる高速戦艦がなかった。

そのためアメリカでは、最初の新戦艦三万五〇〇〇トン型の計画にあたって、二七～二八ノットの速力をあたえた中速戦艦を計画した。さらに、そのつぎのロンドン条約のエスカレーター条項を適用した四万五〇〇〇トン型の計画にあたっては、再度二八ノットの中速戦艦と三三～三五ノットの高速戦艦を建造する二つの案があったのである。

このときに高速戦艦案が採用されたのは、日本の「金剛」型以外にも、ドイツのシャルンホルスト級が当然問題となったはずで、そのほか、日本の重巡を圧倒できるクルーザー・キラーとしての要素が、多分にあったといわれている。

ここで面白いのは、アメリカでは日本の「金剛」型が第二次改装で速力三〇ノットの高速戦艦に生まれかわった事実を知らず、太平洋戦争中まで速力二六ノットの戦艦と考えていた事実である。

実質的に、日本の「大和」型にたいしてアメリカが対抗しよ

う と考えたのは、このアイオワ級の次のモンタナ級(五万八〇〇〇トン、二八ノット、四〇センチ砲一二門)であった。

結果的にアメリカでは、日本の「大和」型を排水量四万五〇〇〇トン、速力二八ノット、四〇センチ砲九門ていどとしか判定していなかったことからも、当面はアイオワ級で対抗できると考えていたものらしい。モンタナ級はダメ押しといった感じで、結局は完成しなかった。

基本計画

「大和」型の基本計画において持筆すべきことは、その四六センチ砲という、従来に例のない超大口径砲の採用と、その速力であった。

四六センチ砲の採用はかなり早くから決定していたようで、質的凌駕の最大事項が、この巨砲の搭載にあったことはいうまでもない。

つぎに速力であるが、軍令部の要求は三〇ノット以上の高速戦艦で、これは当時の趨勢から見てもきわめて妥当な、先見の明に富んだ要求といえた。

しかし、艦本側が正式に基本計画を策定する段階で、いくつかの案があったものの、この速力三〇ノットは最初のA、B案にあったのみで、以後四六センチ砲搭載艦については速力二六〜二八ノットの中速戦艦にかわっている。

これはたぶん、四六センチ連装砲三基を搭載して対応防御をほどこした場合、これに速力三〇ノットをもりこむと、排水量七万トン、全長三〇〇メートルちかい巨艦になってしまうことから、その建造に困難を感じて二七ノットの中速戦艦にしたててしまったものらしい。すなわち、攻撃力と防御力を優先して、運動力については、軍令部も妥協せざるを得なかったと思われた。

このとき、軍令部の一部に中速戦艦化に強い反対があったといわれており、攻撃力か防御力を多少犠牲にしても、高速化を遂行しなかったのは、たぶんに先見の明に欠けた判断であった。

以上を別とすれば、「大和」型の計画は全体をいかにコンパクトにまとめるかにあり、これはいちおう成功したものと見てよかった。

防御計画も徹底した集中防御策をとりいれて、日本独自の対水中弾防御や、ハチの巣甲鈑の採用で水平防御にも自信をもっていた。

ただ、兵装のアレンジで、副砲と高角砲を分離装備したのは保守的にすぎ、しかも防御計画での唯一の欠点といえるのが副砲の配置にあったことは、あまり知られていない。

機関計画では、ディーゼルとタービンの併用案が、のちにオール・タービンに変更されたことで問題となったが、これは根本的な問題ではなく、手段にすぎなかった。

一方、アイオワ級の計画において制約となったのは、パナマ運河の通過制限であった。すなわち艦幅一〇八フィート(三三メートル)以内で、二種の案があった。

ひとつは排水量を制約せず、排水量五～六万トン、四〇センチ砲九～一二門、速力三二～三五ノットの範囲で立案されたいくつかの案。もうひとつは、条約により定められた四万五〇〇〇トンを遵守して、その範囲で計画されたいくつかの案であった。

結果的に後者が採用され、基準排水量四万五〇〇〇トン、四〇センチ砲九門、速力三三ノットで、前級のサウス・ダコタ級の延長型というべき艦型が決定した。

ひとつ問題となったのは、主砲の四〇センチ砲にあたらしい五〇口径砲を採用する件で、このために砲塔とサポートリングを拡大する必要があれば、これは断念しなければならなかった。

しかし、あたらしい五〇口径砲は軽量砲として、それまでの四五口径砲とおなじ砲塔におさめることに成功して、その採用をみることができたのであった。

アイオワ級の実現した出力二一万二〇〇〇軸馬力、速力三三ノットは、もちろん戦艦史上最高の高速仕様で、攻守にバランスのとれたその性能は、日本の「大和」型をのぞいては最高の能力を有しており、それが今日まで長らえた理由のひとつであることはいうまでもない。

船体／艦型

表1に両者の排水量および船体の比較をしめしたが、これを見てわかるように、「大和」とアイオワの基準排水量の差は一万五八〇〇トンとかなり大きい。

「大和」型の船体は、四六センチ砲搭載による大型化をできるだけおさえて、最小の寸法で仕上げたもので、設計者も極力これを強調していることで知られている。

戦艦としての性能は、搭載した主砲と、それにふさわしい（対応した）防御をほどこすことにあり、その結果として船体

表1　船体比較（新造時）

		大和	アイオワ
基準排水量（t）		65000	49202
公試排水量（t）		69100	54762
満載排水量（t）		72809	60283
全　　長（m）		263.0	270.43
水　線　長（m）		256.0	262.69
垂　間　長（m）		244.0	—
全　　幅（m）		38.9	32.97
水　線　幅（m）		36.9	—
深　　さ（m）		18.92	16.15
吃水（平均）（m）		10.4	10.60
乾舷	全部（m）	10.0	7.5
	中央（m）	8.67	5.6
	後部（m）	6.4	5.9

容積、寸法が決定されるのである。

この場合、いたずらに過大な船体を設計することは、建造費、建造後のメインテナンス上からも厳につつしむべきことである。これらは攻撃力、防御力、運動力の三要素とのバランスのうえで、最小な船体を選択すべきであることはいうまでもない。

船体寸法のなかで、全長が「大和」よりアイオワの方が長いのは、その高速性のゆえんで、船の理論上の速力をしめすV／$\sqrt{\mathrm{LWL}}$（V：速力、$\sqrt{\mathrm{LWL}}$：水線長）は「大和」の〇・九四にたいし、アイオワは二・〇四と大きくことなっている。これはイギリスの巡洋戦艦フッドとおなじ値である。ちなみに新造時における「長門」型のこの値は一・〇〇で、これは実質的な速力では二六・五ノットと、「大和」型にいくぶん劣っているにもかかわらず、理論的には速いということができるのである。

全長にたいして幅は、逆に「大和」型の方がアイオワ級より約六メートルも大きく、戦艦の場合、艦幅の大きさが防御力をしめすひとつの目安ともなるもので、すなわち四六センチ砲搭

戦艦「大和」

載の結果と見てよい。

もちろん過去の戦艦で、「大和」型の艦幅をうわまわる艦はなく、「大和」型につぐのがビスマルク級の三六メートルで、未成艦までふくめても、ドイツのH級で三七・六メートル、アメリカのモンタナ級で三六・九メートルと、これでも「大和」型におよばないことがわかる。

アイオワ級の艦幅は前述のように、パナマ運河通過上の制限から定められたもので、ただ四〇センチ砲搭載艦としては、そのためにとくに防御力を犠牲にしたとはいえないであろう。アイオワ級の艦幅は前述のように、パナマ運河通過上の制限から定められたもので、ただ四〇センチ砲搭載艦としては、そのためにとくに防御力を犠牲にしたとはいえないであろう。

アイオワ級のLWL／BWL（水線長／水線幅）は八・〇、「大和」型は六・九であり、「長門」型（新造時）で七・四であるところからも、「大和」型はふとった船体であるのにたいし、アイオワ級はかなりスリムな船体といえる。これは六ノットの速力差から当然である。

「大和」型とアイオワ級の船体平面を見ると、両者とも艦首が細くびれており、とくにアイオワ級ではそれが顕著である。

戦艦アイオワ

これはともに、すくない重量で水線長をかせぎたいということのあらわれである。すなわち、先のV／√LWL値を高めるための手段であろう。

つぎに船体の深さ（船体中央での艦底から上甲板までの高さ）を見ると、これも「大和」型の方が二・七七メートルほど大きい。

吃水はと見れば、これはほぼおなじであるから、「大和」型の方が乾舷が高いということになる。これは両者の乾舷の高さの比較からもあきらかで、艦首で二・五メートル、中央部で三メートル、艦尾で〇・五メートルも「大和」型の方が高いのである。

乾舷の高さは予備浮力の大きいことをしめしており、すなわち沈みにくいことをあらわしている。

しかし、いたずらに乾舷を高めると重量増加につながるため、「大和」型では一番砲塔付近で上甲板を低めて、それを中央部にかけて、ゆるいスロープでもちあげて中央部以後の乾舷をかせいでいる。これは前部主砲群の位置を低めて、重心の上昇をふせぐ役割もはたしている。

このあたりは、「古鷹」以後の日本得意のこりにこった設計のあらわれであろう。

両者とも主砲配置はおなじで、三連装砲塔に二基、後部に一基配し、この前後の砲塔間の部分が、いわゆるバイタル・パートといわれる防御区画となっている。

このバイタル・パートの長さは、「大和」型で約一四〇メートル、アイオワ級でもほぼひとしい一三七メートルで、水線長にたいする割合も五三〜五四パーセントと、ほぼひとしい結果となっている。

この前後の砲塔間の部分は、中甲板以下では機関区画が占めており、この上部に上部構造とよばれる前檣楼、艦橋部、煙突、後檣などがもうけられている。

上構そのものは、一本煙突の「大和」型の方がコンパクトにまとめられており、二本煙突のアイオワ級の方が大型である。とくに「大和」型では、主砲の爆風の影響が、いままでとくらべてひじょうに大きいために、上構をできるかぎり小型にしており、上構の幅もちいさく、船体にくらべて、ある意味で貧弱でさえある。

表2にしめしたのは、両者の重量配分比較である。これは重量(排水量)の各部の占める割合をしめしたもので、

表2　重量配分比較（新造時）

		大和		アイオワ	
		重量(t)	%	重量(t)	%
船殻		20212	29.3	15740	26.7
防御	甲鈑	21266	33.1	19662	33.2
	防御板	1629			
兵装	砲熕	11661	18.9	6240	12.7
	水雷	75			
	航空	111		53	
	電気	1108		1201	
	航海	95			
機関	機関	5300	14.2	4874	23.0
	重油	4210		8214	
	予備水	212		499	
	潤滑油	61			
	軽質油	48			
その他	艤装	1756	4.5	809	4.4
	斉備	1058		1498	
	その他	297		306	
合計		69100	100	59065	100

これを見れば、その艦がなにを重視して設計されたかよくわかる。

ここで注目すべきは、両者とも防御にあてた重量割合がほぼひとしいことである。これはアイオワ級がけっして高速だけをめざした艦でなく、防御についても十分に考慮された艦であることをしめしている。

兵装では、あきらかに四六センチという大口径砲を採用、かつ副砲と高角砲を併用した「大和」型の方が大きく、逆に機関では、アイオワ級がおおくを占めているのがわかる。

ただし、この機関で注目すべきは機関出力で「大和」型をうわまわるアイオワ級の方が、よりすくない機関重量である点だ。これは缶数が、「大和」型の一二基よりすくない八基である点、すなわち

表3　兵装比較

		大　和	アイオワ
主　砲		94式45口径40cm（46cm） 3連装×3	マーク7.50口径16in（406mm）砲 3連装×3
副　砲		60口径15.5cm砲 3連装×4	マーク12.38口径12.7cm両用砲 連装×10
高角砲		89式40口径12.7cm高角砲 連装×6	
機　銃		25mm3連装機銃×8 13mm連装機銃×2	40mm4連装機銃×15 20mm単装機銃×60
航空	水　偵	零式水上観測機×6	キングフィッシャー×4
航空	射出機	呉式2号5型改×2	×2
探照灯		150cm×8	×4
主砲射撃装置	方位盤	98式×2	マーク38×2
主砲射撃装置	測距儀	15m×1、10m×1	8m×2
主砲射撃装置	レーダー	ナシ	マーク8×2
高射装置		94式×2	マーク37(マーク4レーダー付)×4
機銃射撃装置		×4	マーク51×15

機関効率の高い缶を採用したためと思われる。

●兵　装

●主砲

表3に両艦の兵装比較を示してある。主砲は共に三連装砲三基であるが、「大和」型は四六センチ四五口径砲、アイオワ級が四〇・六センチ五〇口径砲、「大和」型ではこの主砲口径を最大の機密扱いとして、部内でも九四式四〇センチ砲と称して四六センチ砲であることを厳重にふせていた。口径でわずか五四ミリの差であるが、その砲としての威力は大違いであった。

表5にその両者の砲の貫通能力をしめしてあるが、距離二万

表4　主砲比較

		大　和	アイオワ
砲身	口　径(mm)	460	406
	砲身長(口径／m)	45／21.33	50／20.73
	砲身重量 (t)	165	121.5
	最大腔圧 (t／m^2)	32	29.14
	旋　条	28口径に1回転	25口径に1回転
	旋条数	72	96
	初　速(m／秒)	780	762
	命　数		290
弾丸	徹甲弾重量(kg)	91式　1460	APMK8　1225
	徹甲弾全長(mm)	1953.5	
	徹甲弾炸薬量(kg)	33.85	18.36
装薬	重量、常装／弱装(kg)	330／	299／143
	バッグ数	6	6
砲塔	旋回部重量(t)	2510	1728
	ローラーパス直通(m)	12.27	10.54
	俯仰角度 (度)	−5〜＋45	−5〜＋45
	旋回速度 (／秒)	2	4
	俯仰速度 (〃)	8	12
	発射速度 (発／分)	1.8	2
	最大射程 (m)	42000	38720
	飛行秒時 (秒)	90	
	装甲厚(mm)前楯	650	432＋64
	側面	250	241
	後面	190	305
	上面	270	184
	内蔵測距儀 (m)	15	14

メートルで交戦した場合、四六センチ砲は垂直甲鈑で五六六ミリ、水平甲鈑で一六七ミリの厚さを打ち抜く力があるのにたいし、四〇・六センチ砲ではその値はそれぞれ四五七ミリ、一二七ミリと減じている。さらに三万メートルではその数字は四一七ミリ対三五〇ミリ、二三一ミリ対二〇〇ミリとなって、四六センチ砲の方がかなり有利である。

「大和」の舷側甲鈑厚は四一〇

表5　主砲威力比較（徹甲弾・強装の場合）

	大和／45口径46cm砲				アイオワ／50口径40.6cm砲			
	貫通甲鈑厚(mm)		存速(m/秒)	落角(度)	貫通甲鈑厚(mm)		存速(m/秒)	落角(度)
射距離(m)	垂直	水平			垂直	水平		
0	864	—	780	0	829	—	762	0
5000					747	17	695	2.5
10000					664	43	632	5.7
20000	566	167	522	16.5	457	127	506	17.5
30000	417	231	475	23.3	350	200	462	35

ミリ、ただしこれに二〇度の傾斜を加味すると約五八四ミリとなり、すなわち二万メートルではアイオワの四〇・六センチ砲では「大和」の舷側甲鈑を打ち抜けず、また水平甲鈑にしても「大和」の二〇〇ミリ厚の防御甲板を打ち抜くには、射距離を三万メートルとらないとムリという結果となる。これに反して「大和」の四六センチ砲は二万メートルでアイオワの垂直、水平甲鈑のいずれも貫通する力を持っていることになる。

もちろん、米国にしても一六インチ砲と一八インチ砲の威力差は十分に承知していたらしく、アイオワ級の計画に当たっても一八インチ砲搭載案があったことも事実で、さらに試験用として一八インチ四八口径砲（マーク1）の製造をおこなってテストした実績も有していた。

ただ、アイオワ級の場合は艦幅の関係で始めから一八インチ砲の搭載はムリと考えていたふしがあり、この辺は日本側が予想していたとおりの結果であった。

表4にしめすように、四六センチ砲一門の重量は尾栓等をふくめて一六五トン、四〇・六センチ砲は同一二一・五トン、砲塔（旋回部）重量では「大和」の二五一〇トンにたいしてアイオワ級は一七二八トンと、「大和」の方がすべてに大型である。

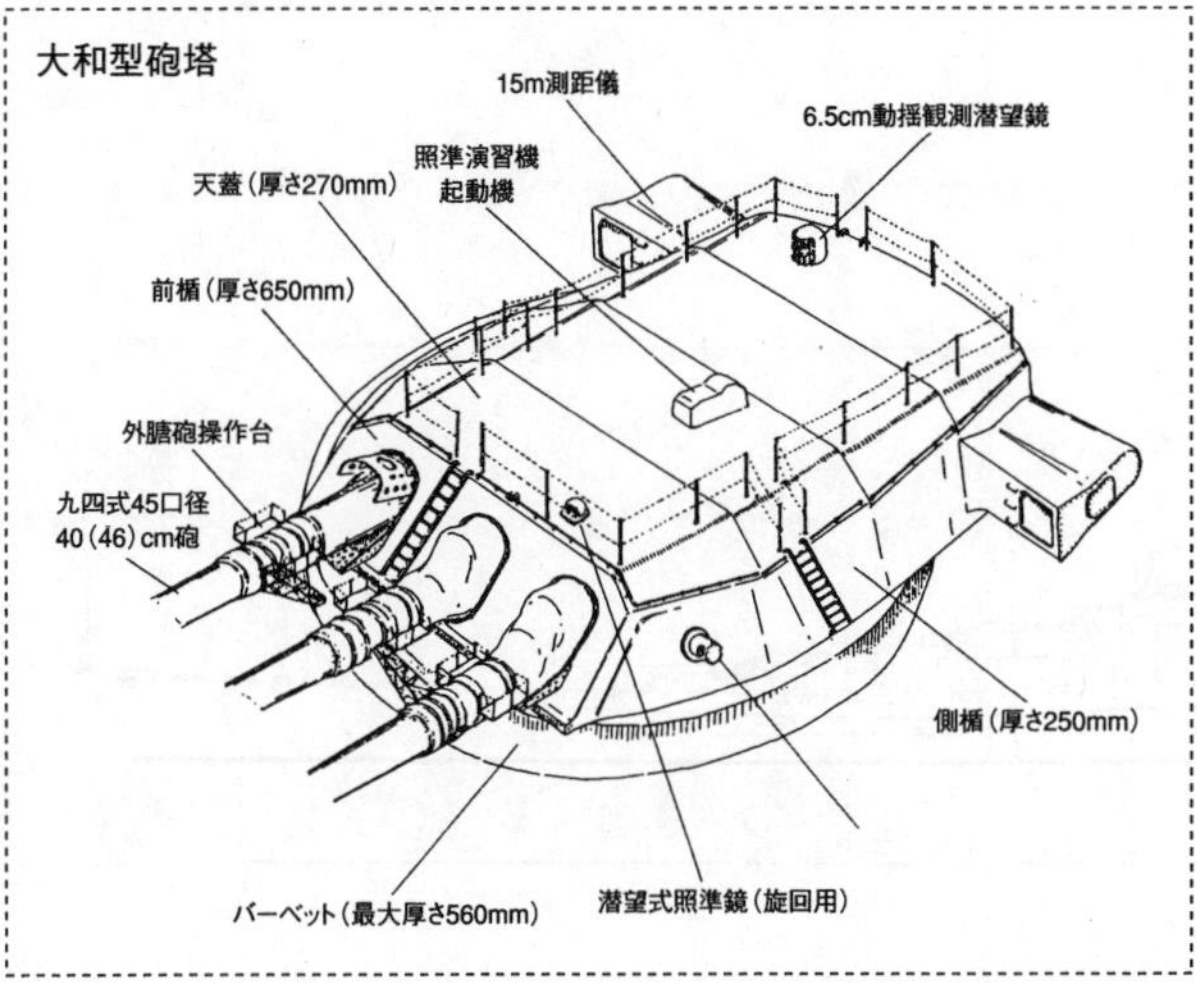

砲塔の俯仰はともにマイナス五度〜四五度で、ただし、俯仰、旋回速度はともにアイオワ級の方が軽いだけに軽快である。砲塔動力は「大和」型が水圧を主としたのに対し、アイオワ級では電動機、油圧を主としたもので、ともに一長一短がある。

「大和」の主砲塔のローラーパス直径は一二・三七メートルとアイオワ級のそれより一・七メートル大きく、アイオワ級の一〇・五四メートルは前後のサウス・ダコタ級の四〇・六センチ四五口径砲の場合と同じであることは前述のとおりである。

砲塔装甲もそれぞれの主砲口径に比例したものとみてよく、前盾が「大和」では六五〇ミリ、アイオワでは四三二プラス六四ミリ、側面はほぼ等しく、後面はアイオワの方が厚く、上面（天蓋）は「大和」の方が厚くなっており「大和」の砲塔重量のうち装甲の占める重量は七九〇トンに達する。

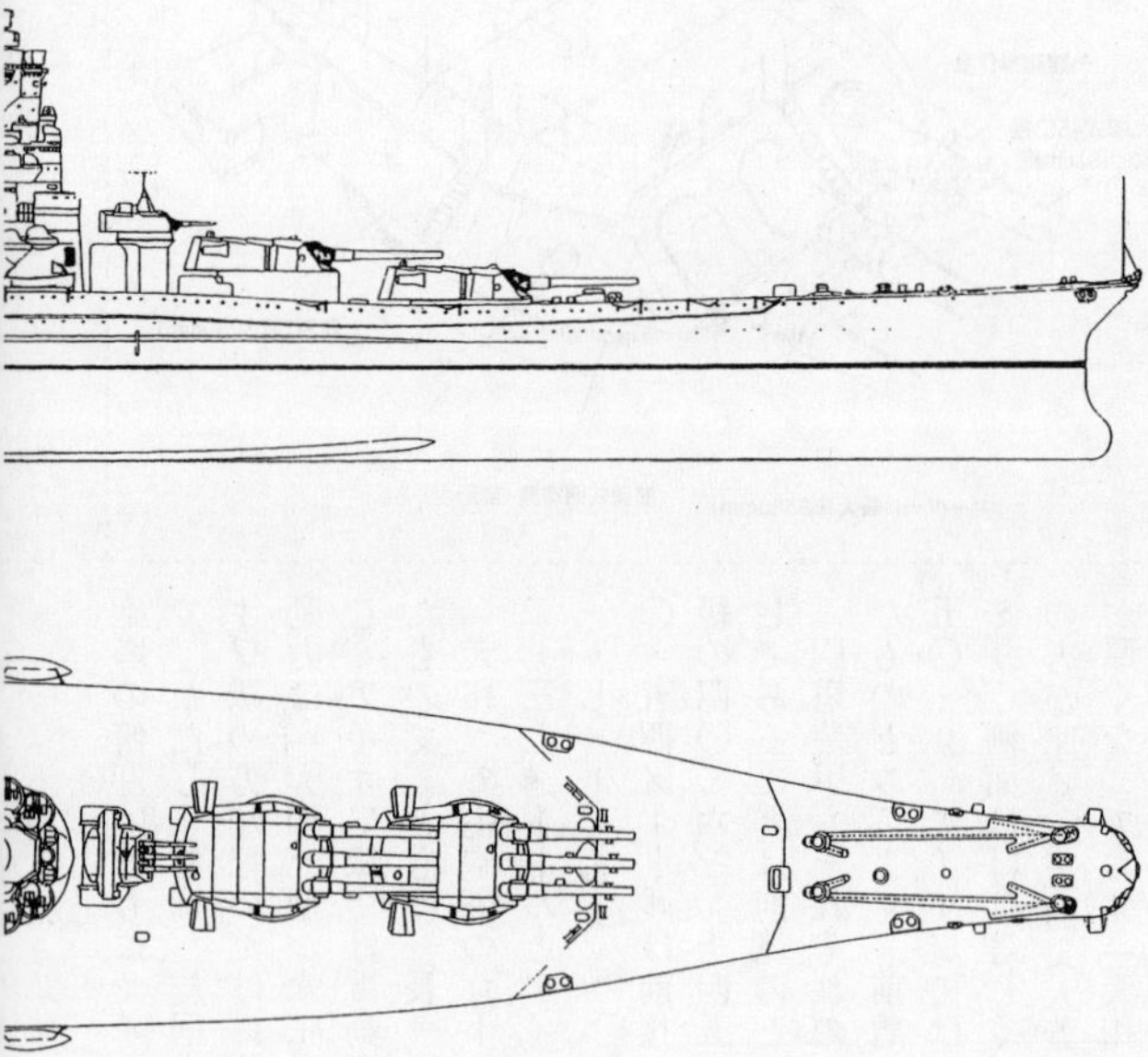

大和(昭和16年12月・新造時)

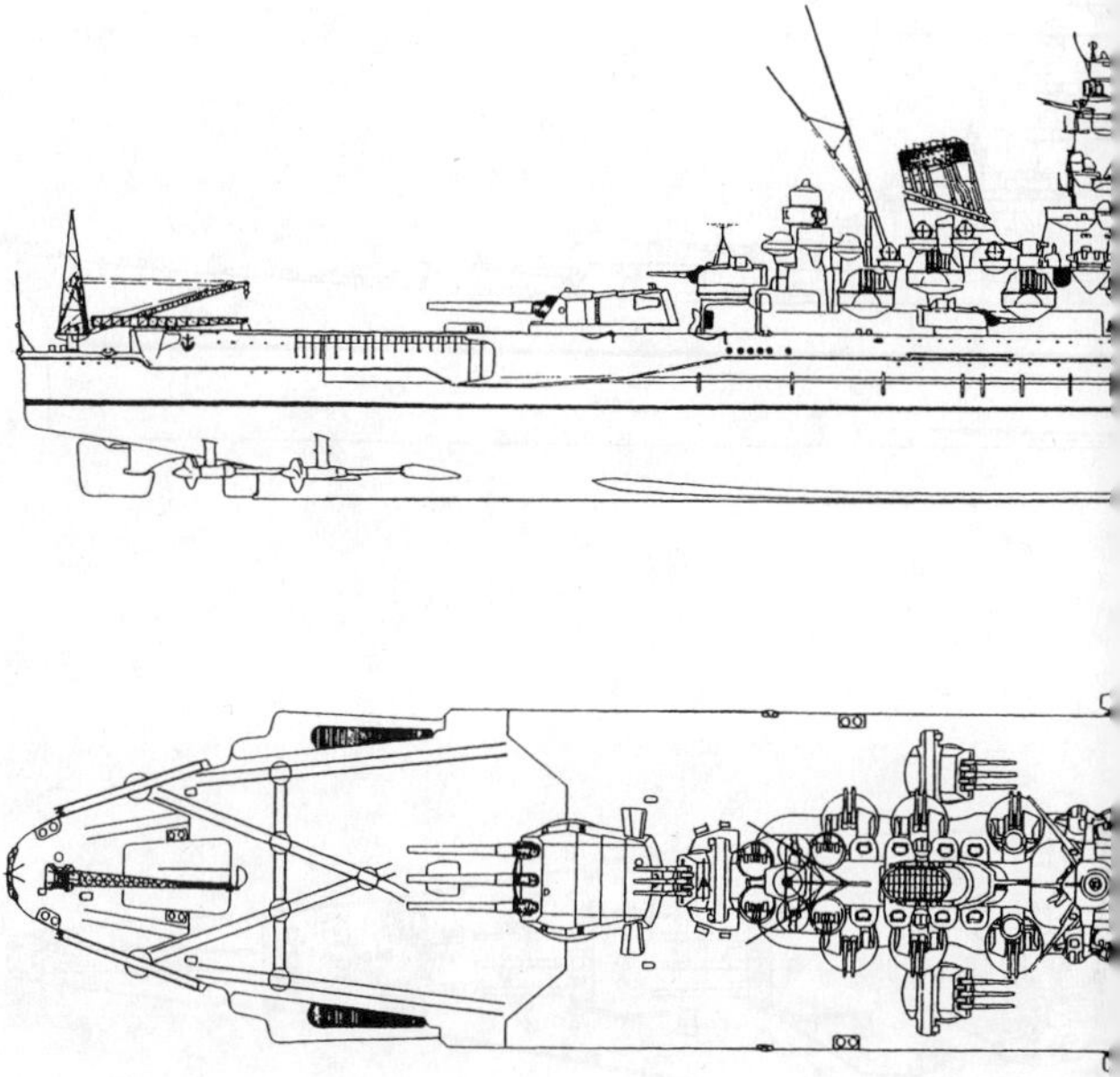

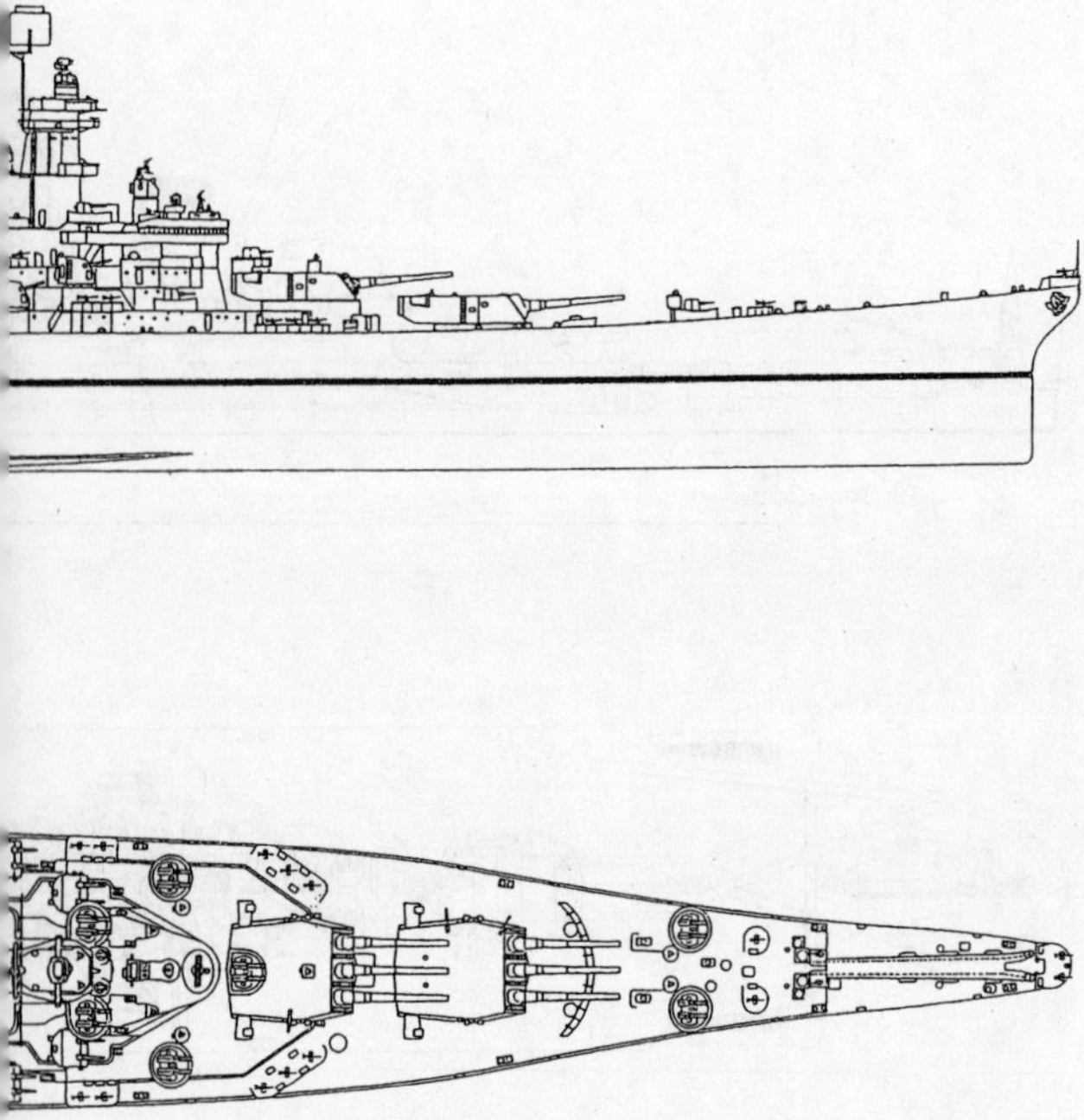

アイオワ級戦艦 ニュージャージー（1934）

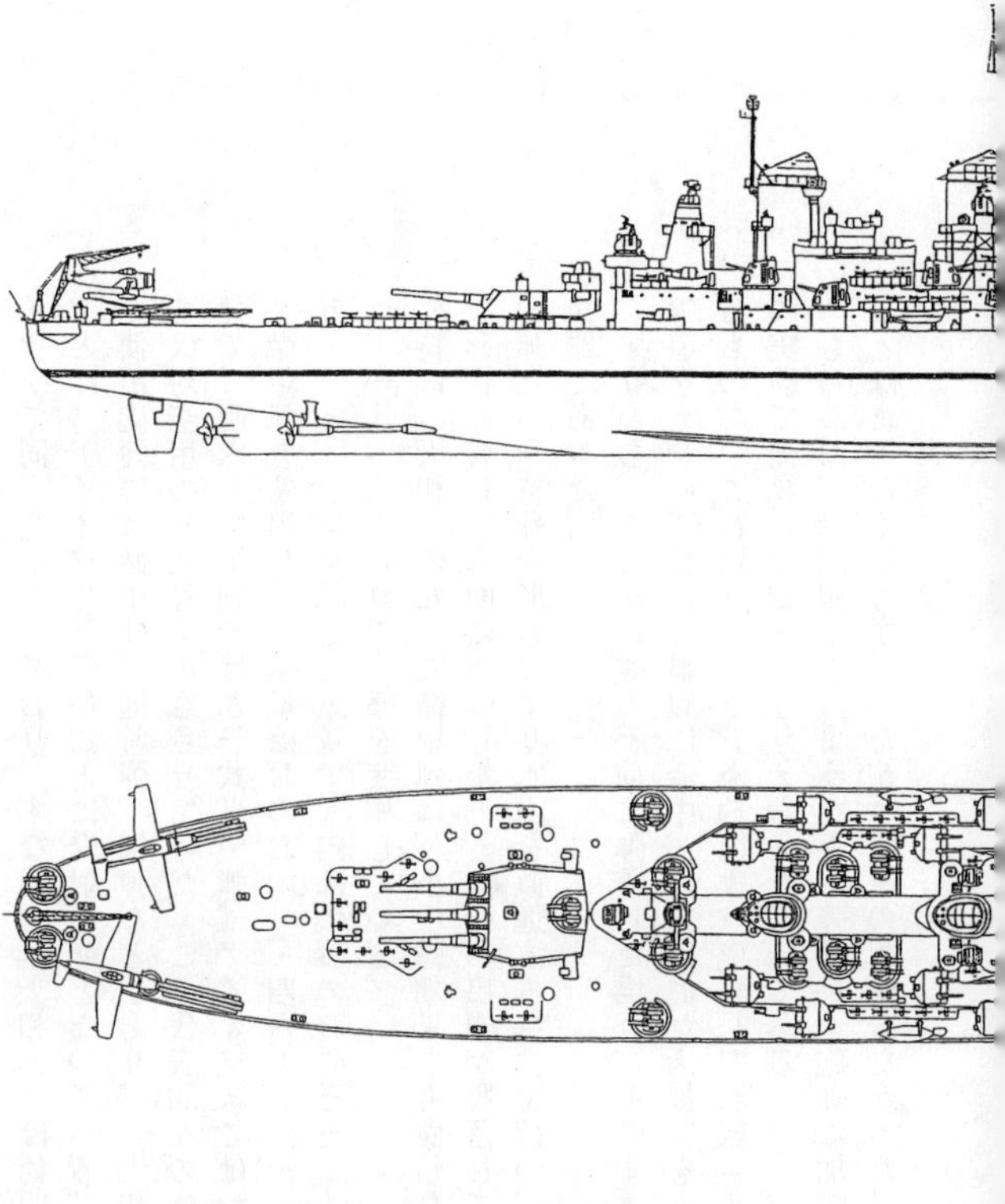

主砲の発射速度は一門当たり、「大和」で毎分一・八発、アイオワで同二発となっており、すなわち「大和」では約四〇秒ごとに、アイオワで三〇秒ごとに発射可能となっている。

使用砲弾には徹甲弾、通常弾、榴弾などがあり、「大和」型では対空用の三式弾を用意させていた。この代表的なのは徹甲弾で、四六センチ砲では九一式徹甲弾、アイオワ級ではマーク8徹甲弾を使用した。重量はおのおの一・四六トン、一・二二五トンと一トンを超える重量で、内部におのおの三三・八五キロ、一八・三六キロの炸薬を装塡している。

特に「大和」の九一式徹甲弾は、小中弾効果を考慮した特殊な形状を有し、水面に着弾したとき先端の風帽が脱落して、載頭弾という特殊な形態により水中を直進する特性を持つ、軍機兵器であった。

すなわち、これが目標の手前に弾着した場合、そのまま水中弾道をえがいて目標の艦腹に命中、魚雷に似た大被害をあたえるもので、これはワシントン条約により廃棄した戦艦「土佐」の実験で発見した結果より与えられたものである。

もちろん、米国側はこのような小中弾効果を砲弾に加味することはまったく知らず、したがってその対策もなかった。

この徹甲弾の発射に要する装薬は日米ともに六バッグに分けた。これは人力による運搬重量から定められたものである。ただし、装薬量は一バッグ「大和」では五五キロ、アイオワで約五〇キロと、やはり四六センチ砲の方が若干重い。

「大和」では砲弾の搭載定数は一門当たり一〇〇発で、アイオワ級も多分大同小異であろう。「大和」では一〇〇発のうち約半数を砲塔旋回部内に垂直に格納して、装塡の迅速化をはかっている。また装薬一発分を給薬室から砲尾まで揚げるのに約六秒を要した。装塡は「大和」の場合、仰角三度の位置で、アイオワの場合は同五度である。

「大和」型の四六センチ砲の最大射程は四万二〇〇〇メートルで、ただしこれは理論上の値で、実際の砲塔の最大仰角である四五度を超えた四八度付近で、この最大射程が得られるものとされている。したがって実際の最大射程はこれを幾分下回ったものとみられ、四万二〇〇〇メートルとする資料もある。

これに要する飛行時は約九〇秒で、すなわち発射してから目標に達するまでに一分半を要するということである。アイオワ級の四〇・六センチ砲については最大射程は三万八七二〇メートルとされており、初速そのものが四六センチ砲と大差ないところから、飛行時についても大差はないはずである。

近代戦艦の射撃術は極めて複雑なシステムとメカニズムより成り立っており、砲のメカがいかにすぐれていても、正確な射撃指揮によらないかぎり、最終的に目標に命中させることはできない。

日米とも方位盤射撃方式ということでは基本に大きな差はないといってよいが、最大の違いは光学式装置に頼った日本側のシステムに対し、米国では射撃レーダーの早期実用化に成功し、その他の装置も部分的に進んだものを有していた。

一般に戦艦の射撃指揮に必要な装置は、方位盤照準装置、大型測距儀、射撃盤等より構成されている。

方位盤照準装置は「大和」の場合、前檣楼のトップ、水線上約四〇メートルの高所にあり、日本光学製の九八式方位盤照準装置が一五メートル三重測距儀と一体構造となって全周旋回する仕組みになっている。一五メートルという基線長の大型測距儀はもちろん空前絶後のもので、三組の光学系を内蔵して三名の測距手により操作され、測距データは自動的に射撃盤に送られる。

方位盤照準装置では指揮官以下、射手、旋回手、右左動揺手

の四名により、敵艦の方向、速力を測的し、自艦の上下左右の動揺角を加味して、大型双眼鏡（口径一五〇ミリ、倍率二〇倍）により照準、発砲をおこなうものである。

艦内の下部、防御区画に設けられた発令所内に収められた射撃盤は、今日でいうところの計算機（コンピュータ）で、ただし当時のことなのでギアによる機械的な計算機である。正式名称は九八式射撃盤といい、愛知時計製であった。

先の射撃用諸元（データ）はすべてこの射撃盤に入力され、その出力が各主砲塔に伝えられ、砲塔ではこの射撃盤からの指示通りに砲を旋回俯仰させ弾丸の装塡をおこない、後は方位盤照準装置の射手が引金を引けば、電路がオンして発砲するものであった。

アイオワ級の場合、方位盤照準装置はマーク38で、同じく前檣楼のトップ、水線上約三五メートルの高所に、基線長八メートルの測距儀とともに装備させている。「大和」にくらべて光学式装置では劣るが、新造時より射撃用レーダー、マーク8を装備（大戦末期にマーク13に換装）しており、これは「大和」にない装備であった。アイオワでは後部にも同様の装置を設けており、「大和」の場合後部の射撃指揮装置は測定儀を一〇メートル型にあらためていた。アイオワ級ではこの前後の方位盤の他に、艦橋前の司令塔にマーク40方位盤を設けており、「大和」より一組多かった。

アイオワの場合の射撃盤はレンジキーパーと称する「大和」と同じ機械式の計算機で、ただ「大和」ではトップの方位盤照準装置で人力で入力していた自艦の上下左右の動揺を、動揺安定盤と称する装置から自動的に射撃盤に入力していた。一部にアイオワ級のレンジキーパーを、今日にいう電子式のコンピュータと誤解している向きもあるが、この時代、真空管を用いたコンピュータはまだなく、アイオワ級のレンジキーパーもフォード社製のレッキとした機械式計算機にほかならない。もちろん戦後に就役したアイオワ級戦艦もすべてこの五〇年前の射撃盤を用いていることは意外と知られていない。

方位盤射撃以外にも、各主砲塔単独での射撃も可能で、そのため「大和」型では各主砲塔に一五メートル測距儀を内蔵、照準装置を設けている。

アイオワ級でも砲塔内に一四メートル測距儀を内蔵しており、砲塔単独の射撃は可能であるが、いずれにしても低い位置からの砲塔射撃は、よほどの近距離でないかぎり有効打を期待するのは無理であろう。

●副砲・高角砲

副砲、高角砲について「大和」型とアイオワ級では基本的に異なっている。

「大和」型ではオーソドックスに副砲と高角砲を分離して、副砲としては最上級軽巡より撤去した一五・五センチ三連装砲四基を搭載した。この時期、副砲と高角砲を分離したのは日本以外ではドイツ、フランス、イタリアの例があり、ただ中央線上に二基を配置したのは日本の「大和」型だけであった。この時期、副砲の役割は軽艦艇の撃攘用としてはあまりに意味がなくなり、結果的には二重の兵器系を設けるより単独の両用砲を装備する方が合理的でありかつ先を見た選択であった。

「大和」型の搭載した六〇口径一五・五センチ砲は長砲身の優秀な砲で、最大射程二万七〇〇〇メートル、毎分七発の発射速度を有し、一万五〇〇〇メートルの距離で一〇九ミリの垂直甲鈑を打ち抜くことができた。ただし砲塔盾部は二五ミリと薄く、巡洋艦時代と変わっていない。「大和」ではこれを上構の前後

大和型副砲塔

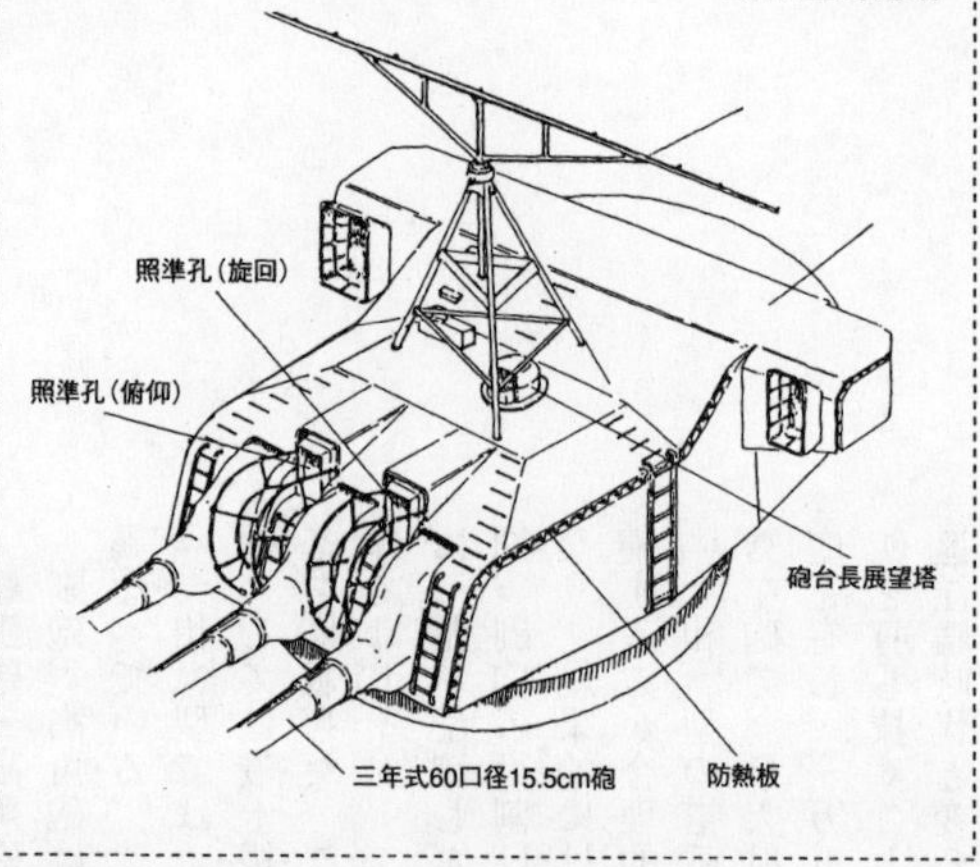

と左右の上甲板上に装備しており、片舷三基の指向を可能にしている。射撃指揮装置としては九四方位盤と九二指揮射撃盤を有している。

「大和」型の高角砲は八九式四〇口径連装高角砲六基で、爆風除けのシールドを設けている。この高角砲は当時の標準的高角砲で、射撃装置としては九四式高射装置二組を両舷に分けて装備していた。

これに対してアイオワ級ではマーク12三八口径一二・七センチ両用砲連装一〇基を上構両側に搭載している。このマーク12一二・七センチ砲のメカニズムは「大和」型の八九式一二・七センチ高角砲にほぼ類似したもので、ただ高射装置としてマーク37方位盤にマーク4射撃用レーダー付を有し、合計四基を上構の前後両側に配していた。この射撃指揮装置は弾丸にVTフューズ信管を用いたこととあいまって、非常に効果的な対空射撃を可能にした。

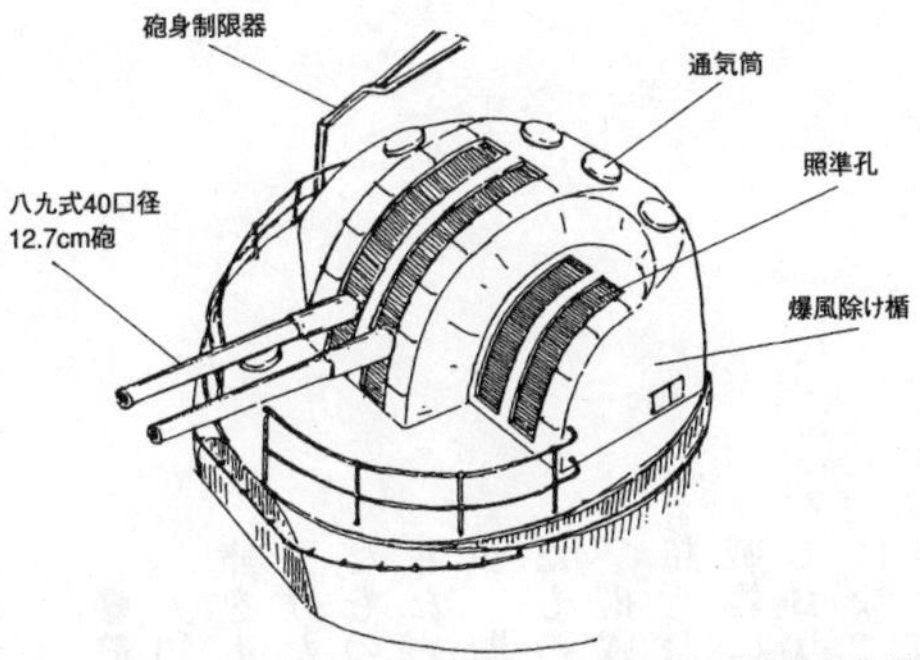

大和型高角砲塔

機銃兵装になると、考え方の違いと、時期的なずれもあって、アイオワ級の方が圧倒的に優勢であった。アイオワ級の機銃兵装はボフォースの四〇ミリ機銃とエリコンの二〇ミリ機銃で、新造時には四〇ミリ四連装一五基、二〇ミリ単装六〇基を装備しており、これは「大和」の新造完成時の二五ミリ三連装八基、一三ミリ連装二基とはケタ違いの強力さであった。

アイオワの場合、大戦末期の一九四五年四月の時点で四〇ミリ連装機銃は一九基に増強され、二〇ミリ単装機銃は五二基に減った代わりに八基の同連装機銃が装備された。

「大和」の場合、大戦中に高角砲と機銃の増備を実施し、最終状態（一九四五年四月）では両舷の副砲を撤去し、一二・七センチ連装高角砲を一気に倍増、二五ミリ機銃については三連装五〇基、同単装二基を装備していた。この対空火力の強化に対処して、九四式高射装置は四基に、機銃射撃装置は四基から一八基に増強されていた。

アイオワ級の場合、四〇ミリ四連装機銃は一基ごとにマーク51射撃装置が設けられていた。

●航空兵装

「大和」型では爆風対策から艦尾の上甲板に水偵六機分の格納庫を有し、艦尾端のレセスからクレーンで吊り上げて、両側に設けた射出機から射出する構造で、従来の露天搭載よりは進んだものであった。計画では当時開発中だった水偵瑞雲を搭載するために、より強力な一式二号射出機を搭載する予定であったが、間に合わず、従来の呉式二号五型射出機を装備して完成したものであった。

搭載機は六機分のスペースはあったものの、実際には三機を超えたことはなく、通常は零式水観二機程度を搭載していた。戦艦における水偵は弾着観測と測的のふたつを最重要目的としており、通常は別の機によるこのふたつの任務を遂行することになっていた。

「大和」では艦尾の上甲板（最上甲板）上に水偵運搬中の軌条を設けてあったが、主砲発砲時にこの甲板上および射出機上に水偵を置くことは爆風上困難であり甲板下の格納は必須の条件であった。もちろんこのために搭載定数も従来の三～四機から増加できたものである。

アイオワ級の航空兵装は、これにくらべると、艦尾端両側にカタパルト各一基と、艦尾にクレーンを設けただけの簡単なもので、水偵の格納施設はなく露天搭載を前提としていた。搭載定数は四といわれているが、これも実際には各カタパルト上に各一機ずつを搭載するだけの二機搭載が通常であった。搭載機を傷付けないため、たぶん後部の三番砲は射界制限をする必要があったと見るべきで、また荒天時に実際に水偵を波にさらわれた例もあり、なぜ、重巡のように艦尾甲板下にハッチを設けて格納する方式を採用しなかったのか疑問な点である。

●探照灯

夜戦は日本海軍の重視した戦術のひとつであっただけに、夜戦の重要な設備である探照灯については、非常に重要視されて来ていた。

このため、「大和」型では従来最も大型だった口径一一〇センチよりさらに大型の一五〇センチ型を開発して、これを「大和」型に装備した。この超大型探照灯はもちろん「大和」型のみが装備したもので他艦への装備例はない。「大和」型ではこれを片舷四基、爆風の影響のすくない煙突両側に集中装備し、前檣楼に設けた管制装置八基により、おのおの遠隔操作可能としていた。ただしこれらの兵装も大戦後半以後は機銃兵装の増備にともなって撤去され、「大和」の最終時にはそれぞれ半分に減少していた。

これに対しアイオワ級では通常の七五センチ程度の探照灯四基をそれぞれ前後の煙突両側に装備しただけで、「大和」のような大げさな装備は持っていなかった。これももちろん後述するようなレーダーを搭載していたことにも関連しており、この辺に関する思想は全く異なっていた。

●電波兵装

「大和」の場合、完成時に電探（レーダー）まだ開発を完了しておらず、最初の装備は武蔵で、一九四二年九月に対空用の二一号電探を装備、二組の空中線を測距儀の支筒上に装備したのが最初であった。「大和」では一九四三年七月にこの二一号の装備を実施、さらにこの時期に対水上用の二二号も前檣楼上部両側に装備されたものらしく、これは武蔵にも実施されている。

さらに一九四四年に入って後檣に一三号電探（対空用）二基

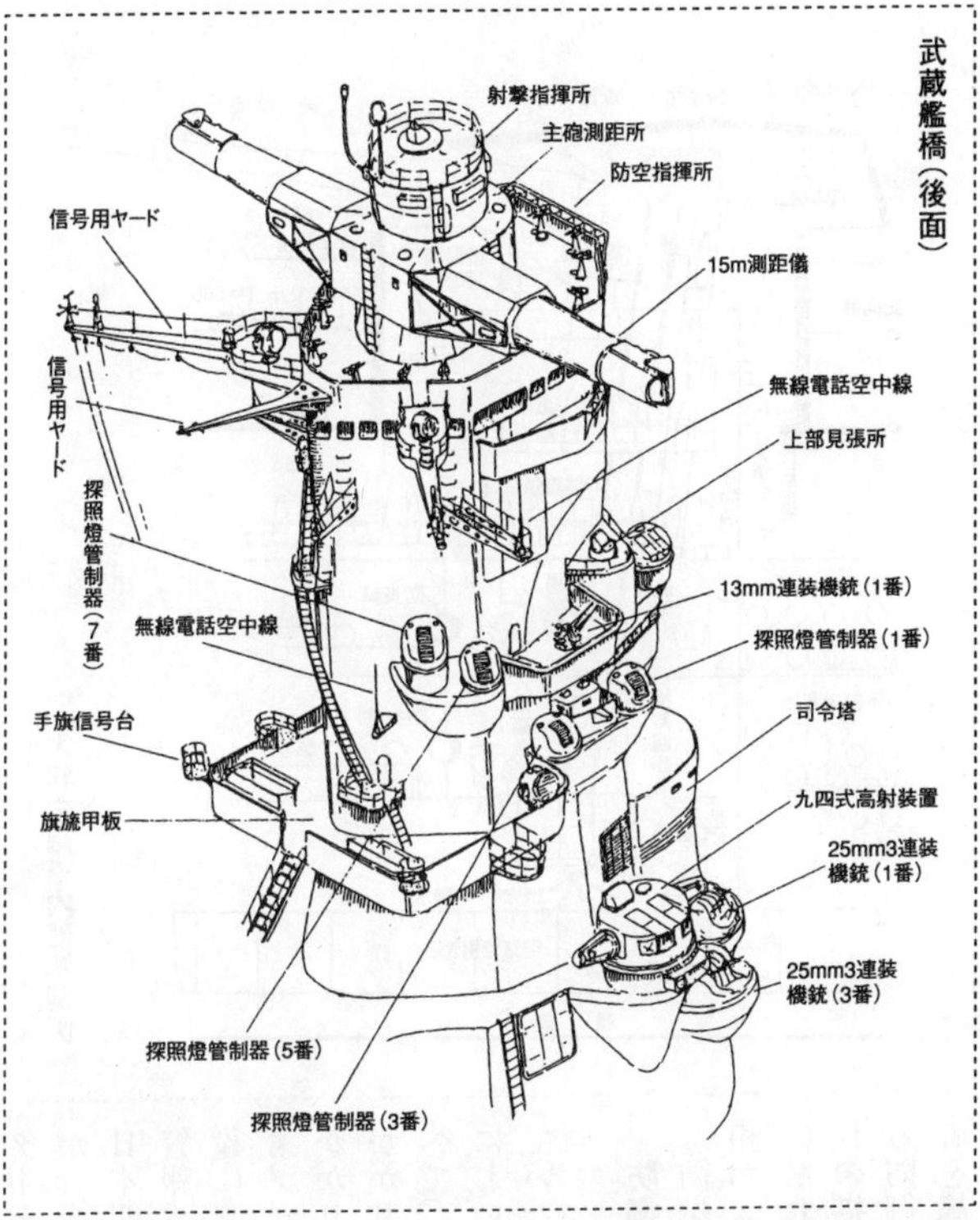

武蔵艦橋（後面）

の装備も実施されたが、けっきょく射撃用レーダーについては最後まで実用化できなかった。

　これに対しアイオワ級では、アイオワの完成した一九四三年四月の時点で、すでに対空用としてSKレーダー一基、対水上用のSGレーダー二基、さらに主砲射撃用マーク8、高射用のマーク4を完備していた。特にこの時期レー

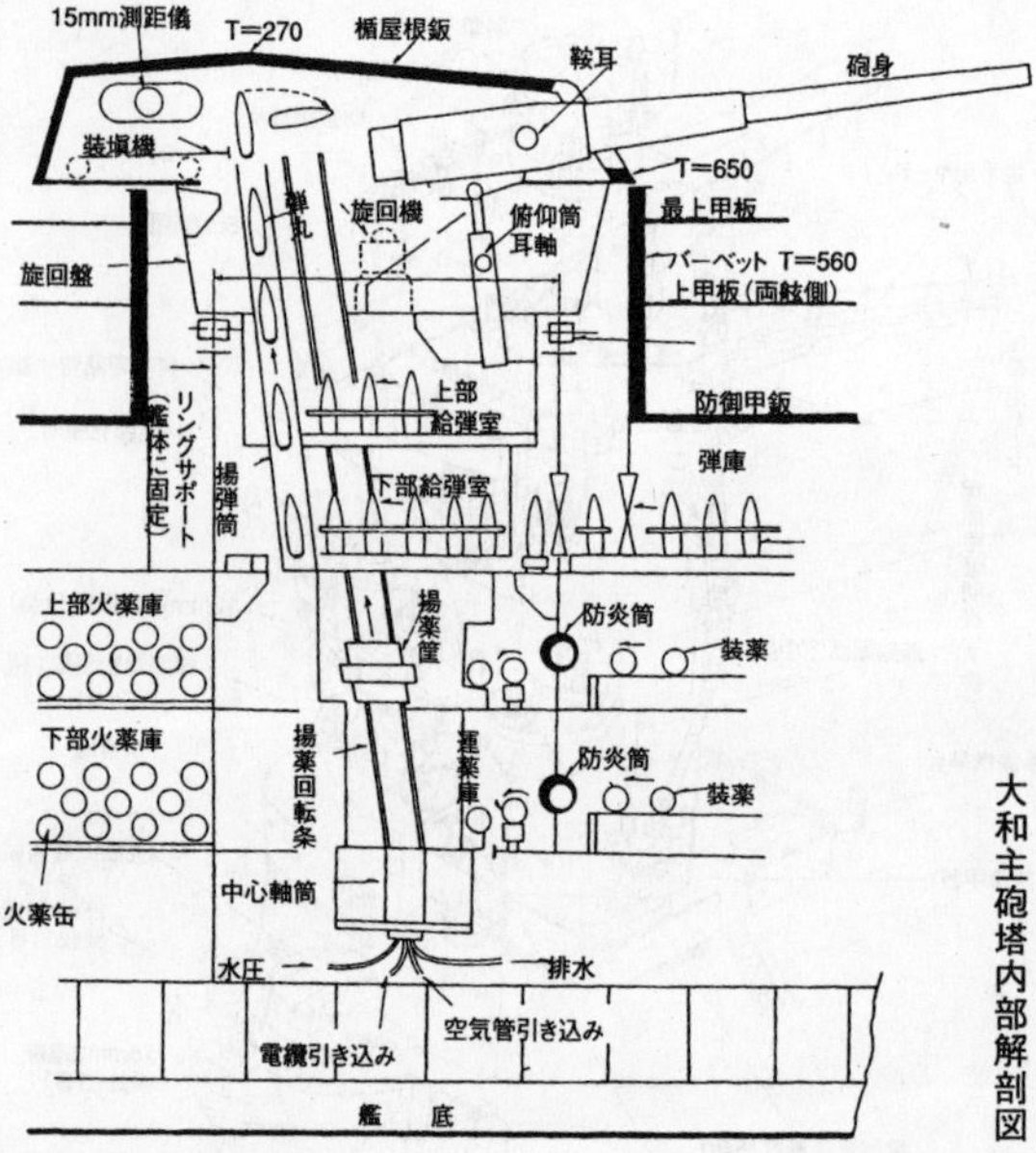

大和主砲塔内部解剖図

ダーとしての性能、品質が日米では差が大き過ぎ、日本側では対空用の事前警報ぐらいにしか実用の役に立っておらず、しかもメインテナンスに手がかかり、故障修理に手のかかり過ぎたことにくらべて、米国側ではすべてにおいて実用の域に達していた。

防御

防御に関しては「大和」、アイオワともさきに触れたように、それぞれの搭載した主砲に対する防御、すなわち対応防御を施すのを基準にして

表6 直接防御比較（甲鈑厚単位mm）

防御箇所		大和	アイオワ
舷側甲鈑	主甲帯傾斜角（度）	20	19
	主甲帯	410	307+22
	テーパー部（機関）	200〜50	307〜41
	〃　（弾薬）	270〜100	〃
甲板	防御甲板	200〜230	121+32
	最上甲板	35〜50	38
	煙路貫通部	380（蜂の巣）	—
バーベット	上部側部	560	439
	〃 前・全部	380〜440	295
	下部	50	76
司令塔	側面	500	444
	上面		184
	床面	75	102
	通信筒	300	406
副砲	シールド	25	63
	支筒	25+50	63
舵取機械室	側部	360	343
	上面	200	142
	床面	25	38

設計されており、一般的には十分なものを有していたといってよい。

「大和」の場合、防御目標の基本はまず対弾防御として、自艦搭載の四六センチ砲弾に対して垂直部二万メートル、水平部は三万メートルの射距離での命中弾に耐えうること、対空防御としては八〇〇キロ爆弾で高度三九〇〇メートル以下、二トン爆弾なら高度二二〇〇メートル以下での投下に耐えるものとされていた。とくに「大和」における防御の特長は、まず集中防御を施すうえで有利なように、バイタル・パートを極力短くしたことで、水線長に対するバイタル・パートの長さ比は「長門」型の六三・一五パーセントから「大和」で五三・五パーセントまでちぢめられている。

また舷側水線下の水中防御にはじめて水中弾を考慮した防御を施しており、このため舷側甲鈑をテーパー状に薄めて艦底部まで達する防御隔壁を設けていた。水中防御としてはほかに前後の弾薬庫の下部艦底部にまで五〇〜八〇ミリの甲鈑を配置した艦底防御を施した点も、従来例のないことで、機雷その他の水中爆発対策であった。

また従来水平防御の弱点とされていた、煙路の開口部に、小孔を多数あけた〝ハチの巣甲鈑〟と称する特殊な甲鈑を用いることで、有効な水平防御を施すことができたのも日本独自の設計であった。

「大和」型ではこれらの直接防御用の甲鈑としてあらたにVH甲鉄、MNC甲鉄などを開発して採用したもので、実験結果からもその耐弾効果に十分自信を持っていた。

その他、舵も本来の主舵の他にべつに小型の副舵を設けたのも、ドイツのビスマルクのような舵損傷により航行の自由を失うことをおそれたもので、同時に舵取機械室の防御にも十分注意がはらわれていた。さらに浸水被害時における傾斜を修正するための注排水装置についても、魚雷で二本の被害による傾斜は、最低三〇分以内に修正できる能力を有していた。

表6は、「大和」とアイオワの直接防御甲鈑の厚さを示すものである。「大和」型とアイオワ級の甲鈑の厚さの差は歴然としており、これはそれぞれの主砲の対応防御による結果にほかならない。アイオワ級の場合、日本のような小中弾対策や艦底部への甲鈑配置は施されていず、また〝ハチの巣甲鈑〟のようなきめ細い対策は見られなかったものの、その舷側防御には類似点が多いことに意外な感を受ける。

アイオワ級では、舷側甲鈑を舷側外板上に設けず、舷側内部にインナー・アーマーとして装着しており、その傾斜角は「大和」の二〇度にひとしい一九度で、しかも水線下の部分をテーパー状に薄めて艦底部にまで達している点も同じである。もちろん、これは日本のような水中弾対策でなく、小中防御隔壁としての役割をもたせたもので、ただ、小中防御層の数は中央部で「大和」型の四層にくらべて六層と多くなっている。

アイオワ級の耐弾防御の基準は従来の四〇・六センチ四五口径砲による徹甲弾に対し、一万八六五〇～二万四四〇〇メートルの射距離による命中に耐えることとされており、その基準は「大和」型にくらべて若干劣るものの、ほぼ従来の米戦艦の基

46cm砲の弾丸の大きさ比較図

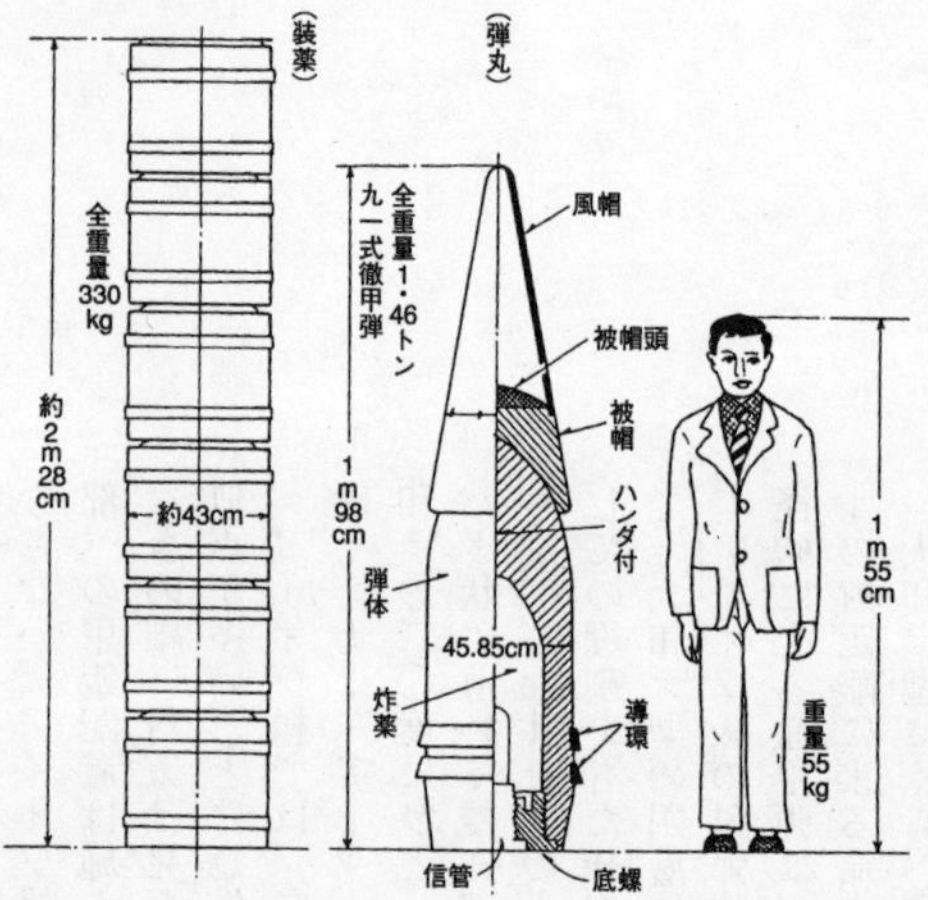

準に準じたものである。全般に当時の米戦艦の防御は小中防御、垂直防御、水平防御の順に優先順位をあたえていたフシがあり、弾薬庫はべつとしても機関区画の水平防御については完全な防御を施すことは無理と考えていたようである。

表6を見て気が付くことは「大和」型の副砲防御の薄弱さである。これは前述したように「大和」型の防御計画のなかで唯一の欠陥ともいうべき弱点で、「最上」型から撤去した砲盾をそのまま流用したことによるものであった。わずか二五ミリの厚さしかないこの砲盾はたんなる弾片防御か機銃弾防御ぐらいの力しかなく、これに大落角で砲弾または爆弾が命中した場合、そのまま一気に艦底部の弾薬庫に達して大被害を生じる危険が大きかった。

しかもその前後に主砲の弾薬庫があるだけに、これに火が入ったら致命傷となりかねず、きわめて危険な存在であった。これについては根本的対策がたたず、のちに揚弾薬筒の中甲板部貫通部（防御甲板）にコーミング・アーマーを追加して耐砲弾防御とし、耐爆弾防御としては砲塔内の防炎装置にたよることでお茶をにごしてしまった。

これに対して、アイオワ級の一二・七センチ両用砲の防御は比較的よくまとめられており、主砲の弾薬庫とは分離されて危険を分散していた。

機関

両者の機関計画を見た場合、これまでの兵装、防御とことなってかなりの差があることがわかる。表7に両者の比較を示す。「大和」の機関計画は、当初ディーゼルとタービンの併用を考えていたものの、最終的にディーゼルの採用に自信なく、タービン一本にまとめられ、それも当時の水準からみて非常にオーソドックスなものが選ばれていた。すなわち缶も蒸気温度、圧力とともに当時の空母搭載のものよりはかなり低く、効率よりも堅実さを求めたもので、そのため一缶当たりの出力は一万二五〇〇馬力と低かった。

表7　機関関係比較

	大　　和	ア　イ　オ　ワ
主機	艦本式高低圧 ギアード・タービン×4	GEギアード・ タービン×4
推進器回転数／毎分	225	202
缶	ロ号艦本式 重油専焼缶×12	B&W 重油専焼缶×8
蒸気温度	325℃	454.4℃
〃 圧力	25kg／cm²	39.7kg／cm²
計画出力（軸馬力）	150000	212000
計画速力（kn）	27.0	33.0
全力公試速力（kn）	27.46	—
〃 出力（軸馬力）	153553	—
軸数	4	4
推進器直径（m）	5.0	内軸 5.18 外軸 5.56
推進器翼数	4	〃 5 〃 4
舵	半釣合舵及び副舵	釣合2枚舵
旋回直径（m／kn）	589／26	740／30
発電機	ターボ型600kw×4 ディーゼル型 600kw×4	ターボ型1250kw×8 ディーゼル型 250kw×2
発電総量／電圧	4800kw／225VAC	10000kw／450VAC3組
重油搭載量（t）	6300	6300
航続力（kn／カイリ）	27.3／2887	29.6／5300
〃	19.2／8221	20／11700

缶と主機の配置も、艦幅が広くスペースが十分とれることから、缶は一缶一室として横に四室、三列配置としてその後方に主機を横に四室にならべて配置していた。これは縦に缶三基と主機一基をそれぞれの軸系としてまとめることができ、一見整然とした理想的な配置に見えるが、被害時の対策としては米英の採用していたシフト配置にくらべて劣っていたことに対する認識は当時の日本にはまだなかった。

以上の機関計画はアイオワ級について見れば、機関出力は

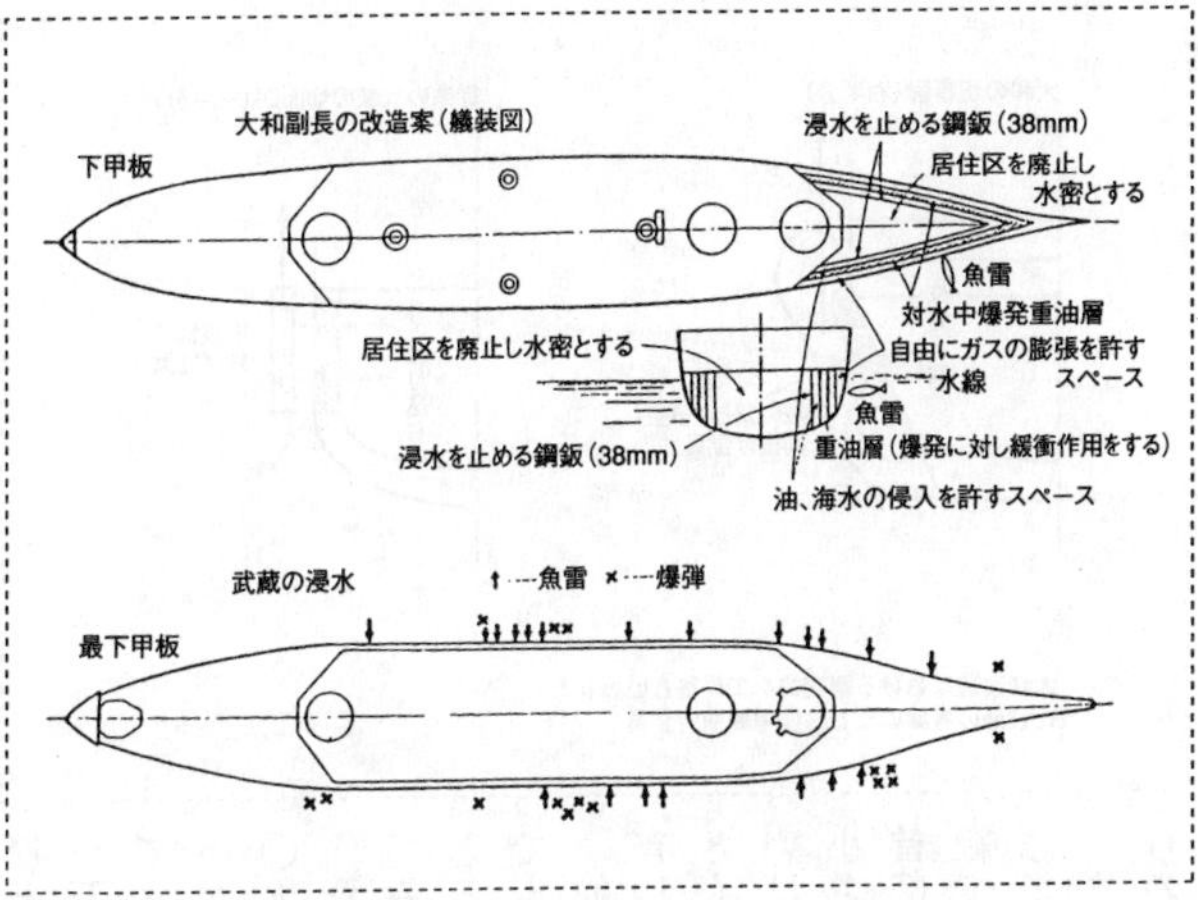

「大和」を三〇パーセント以上うわまわっていたにもかかわらず、その缶は八缶と少なく、一缶当たりの出力は二万六五〇〇馬力と「大和」の倍以上の効率を示している。しかもアイオワ級では缶二基と主機一基を組み合わせたシフト配置を採用、前方より缶室主機室の順で各軸系を独立した四組の機関区画に分けて配置しており、このために二本の煙突となったものである。

アイオワ級の推進器は、共振対策からか内側の二軸と外側の二軸ではプロペラの翼数と大きさを変えており、毎分回転数では「大和」型より少ない回転数で、六ノットの優速をえているものである。アイオワ級ではたぶん機関の半数がストップしても、ほぼ「大和」型に匹敵する速力の発揮が可能といわれている。

このへんは先に示した両者の重量配分比較を見れば歴然で、機関重量では出力の小さい「大和」のほうが逆に大きくなっており、このへんは逆に「大和」の機関計画にあまさがあった証

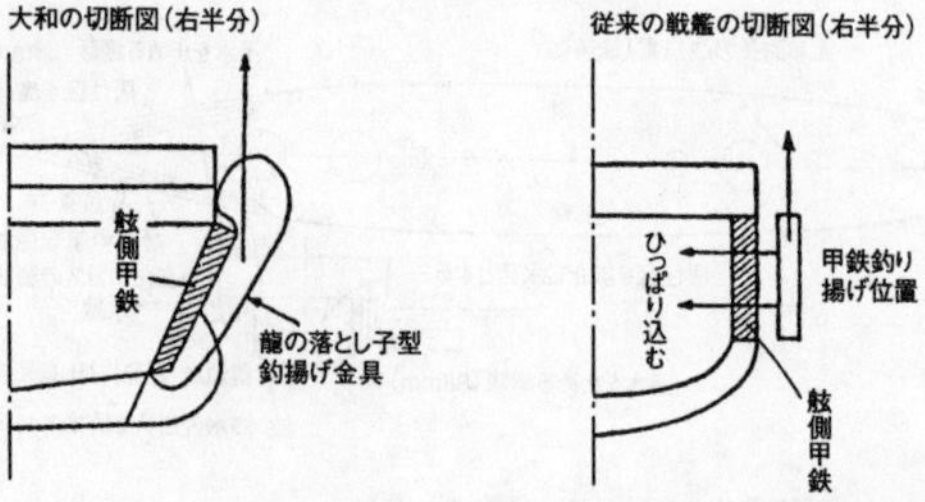

大和建造における画期的な工作法といわれた
辻技師の考案になる舷側甲鉄取付金具

拠といえよう。航続力はアイオワ級が二〇ノットで一万一七〇〇カイリ、「大和」型は一九・二ノットで八三一カイリと、アイオワ級の方が三割以上長いが、燃料の重油搭載量は満載で「大和」が六三〇〇トン、アイオワ級は八七六五トンと多い。

ただし、二〇ノット前後で燃料の消費量を計算してみれば、両者ともほぼ同じであり、航続力を多くとるのは渡洋作戦を前提とした米戦艦の特長の一つでもあった。

舵は「大和」が半釣合舵一枚でほかに小型副舵を有したが、これに対しアイオワ級は釣合舵二枚で、とくに副舵はなかった。旋回直径は若干速力のちがいはあるが「大和」のほうが約一五〇メートルほど小さかった。「大和」では速力上の利点を考えて艦首部に本格的バルバス・バウを設けたが、アイオワ級でもこれほど本格的ではないが同様の形態を採用していた。

またアイオワ級では艦尾の内側の二軸の艦底部からの突き出た部分をスケッグと称する、スカート状の構造物でつつんでおり、防御上からは有利であった。

最後に両者の発電量をくらべてみると、アイオワ級のほうが倍近く大きいことがわかる。これは一つにアイオワ級が主砲塔用の動力としても電動機を多用していたのに対し、「大和」では水圧ポンプを用いていたことによる差があったものと思われる。しかしいずれにしても、発電能力の差はその艦の搭載する各機器の種類と数を示す一つの目安となるもので、レーダーなどの電子兵器を多数装備していたアイオワ級がその点では大きく進んでいたものといえた。

大和VSアイオワ

「大和」型とアイオワ級は太平洋戦争では一度もあいまみえることはなかったが、そのチャンスがまったくなかったわけではない。アイオワとニュージャージーが太平洋戦線に投入されたのは一九四四年一月〜二月で、このとき、もちろん「大和」と「武蔵」も健在であった。一九四四年六月のマリアナ沖海戦には以上の四隻はそれぞれ空母部隊を護衛して出撃したものの航空戦に終始して水上艦の交戦するチャンスはなかった。

しかし次の同年十月の比島沖海戦では、「大和」とアイオワは交戦のチャンスがあったのである。これは栗田艦隊が「武蔵」を失ったのち、反転してレイテ沖にむかう途中、サマール沖で米護衛空母群と遭遇、これと交戦したときに、北方の小沢艦隊につり出されていたハルゼーが、救援のためにアイオワとニュージャージーなどの高速戦艦部隊をサン・ベルナルジノ海峡に急派したときで、「大和」はこのとき一足はやく海峡を抜けてしまっていた。

そして最後のチャンスが一九四五年四月の、「大和」の沖縄特攻のときにみせた米海軍の反応で、すなわち「大和」の迎撃を戦艦部隊に命じたときであったが、結果的には航空部隊の攻撃でしとめることになった。

「大和」型とアイオワ級が洋上で遭遇、交戦した場合、どちらが勝つかということは非常に興味あるテーマとして、これまでいくつかのストーリーが語られている。実際的には戦艦同士が一隻ずつで交戦することなどほとんどありえないことだが、ただ可能性がないわけではない。

大戦中に米海軍では「大和」型の主砲を一六インチ（四〇・六センチ）四五口径砲九門、速力二六〜三〇ノット、舷側甲鈑厚一二インチ（三〇五ミリ）、防御甲鈑厚六・四インチ（一六三

弾丸の命中界

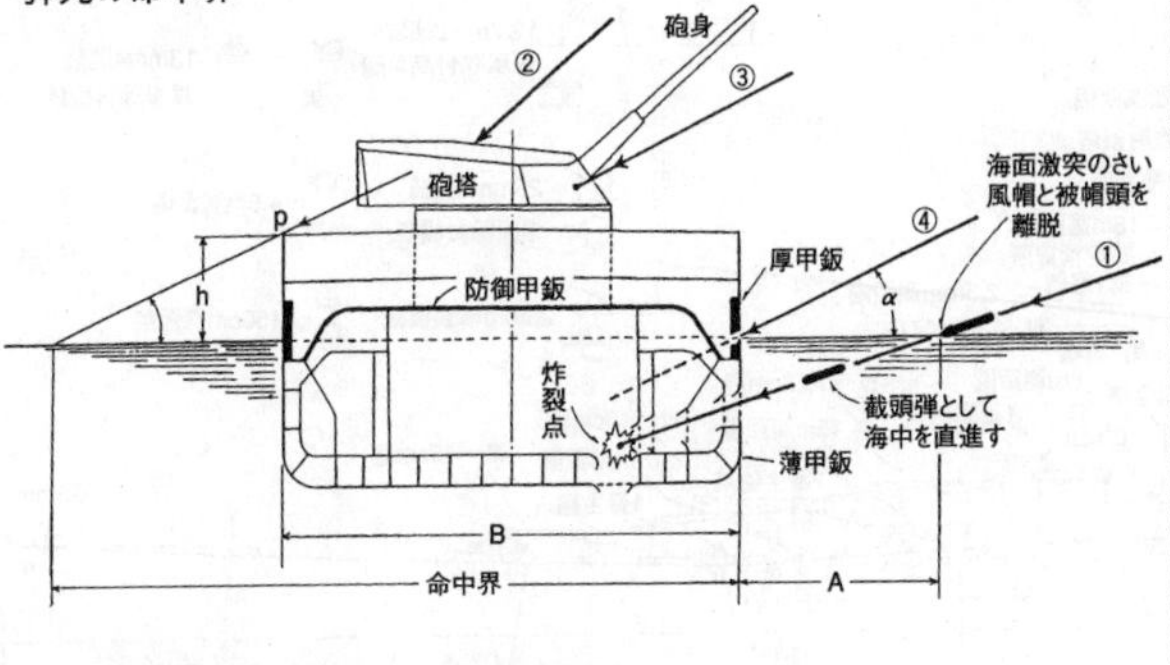

弾丸の命中界＝$h\cot\alpha+B$
h＝艦の高さ
α＝落ち角
B＝艦の幅

水中弾が有効なときには、
弾丸の命中界は＝$h\cot\alpha+B+A$
に増大す

ミリ）と想定して、米海軍の各戦艦と交戦した場合の、方位と距離による砲弾の貫通能力を図示したチャートをつくって交戦時の参考データとしていた。したがって、もし仮にこのデータを基に「大和」型と実際に交戦すれば、これはきわめて危険な事態となることは容易に想定しうるところである。

前述のようにもし仮に「大和」型とアイオワ級が交戦したとすれば、少なくとも距離二〜三万メートルでは論理的には「大和」型が有利であることはいうまでもない。通常この二隻がこの距離に立ち入るまで相手の存在を知らないということはレーダーが使用不可能になった場合か、悪天候や霧という条件がなければ考えられないが、もしこのような場合、両者が撃ち合えば「大和」の四六センチ砲の威力はアイオワ級の四〇・六センチ砲をうわまわるといってよいであろう。もちろん、このような射距離での交戦では、もし「大和」

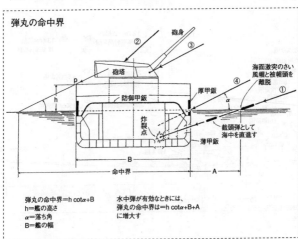

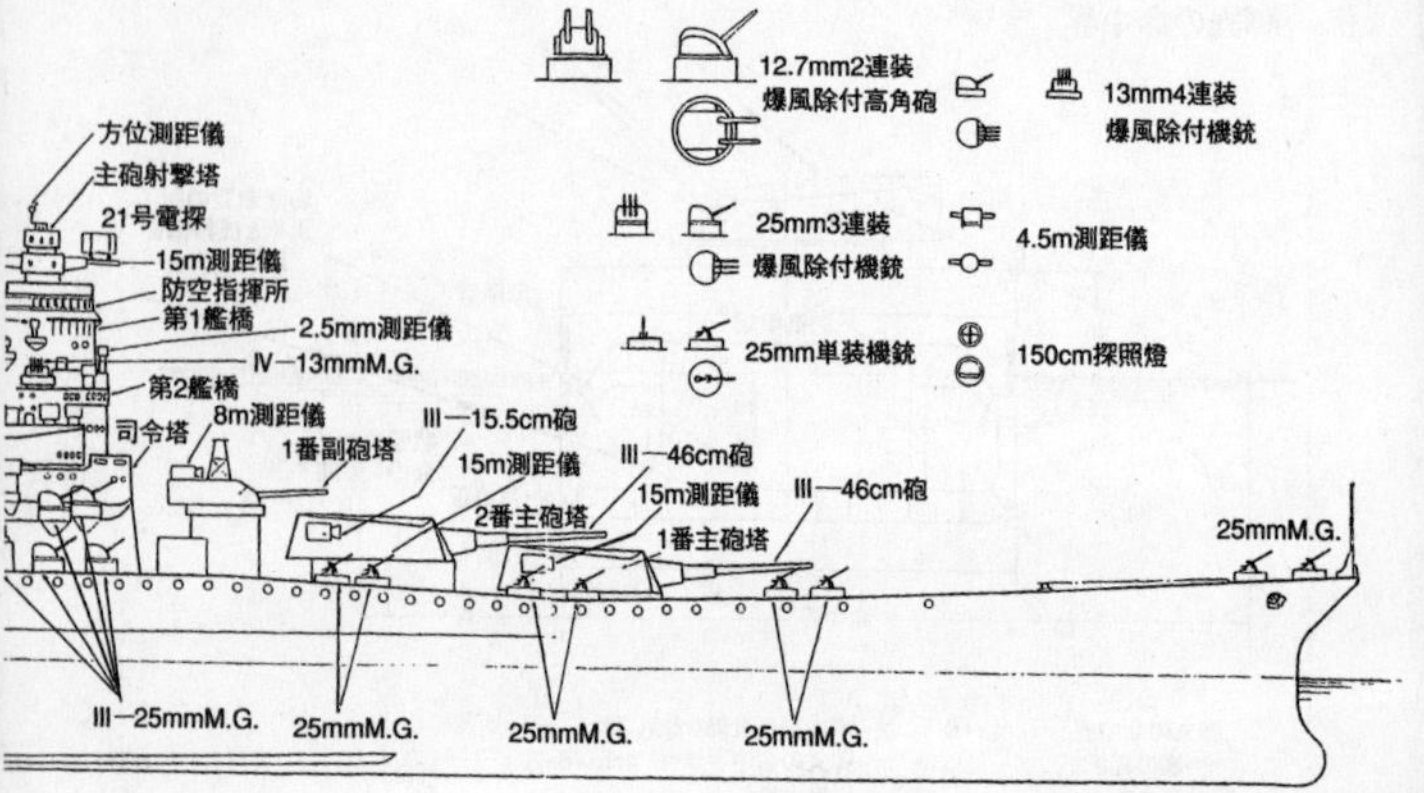
12.7mm2連装
爆風除付高角砲
13mm4連装
爆風除付機銃
25mm3連装
爆風除付機銃
4.5m測距儀
25mm単装機銃
150cm探照燈
方位測距儀
主砲射撃塔
21号電探
15m測距儀
防空指揮所
第1艦橋
2.5mm測距儀
Ⅳ−13mmM.G.
第2艦橋
8m測距儀
司令塔
1番副砲塔
Ⅲ−15.5cm砲
15m測距儀
Ⅲ−46cm砲
2番主砲塔
15m測距儀
Ⅲ−46cm砲
1番主砲塔
25mmM.G.
Ⅲ−25mmM.G.
25mmM.G.
25mmM.G.
25mmM.G.

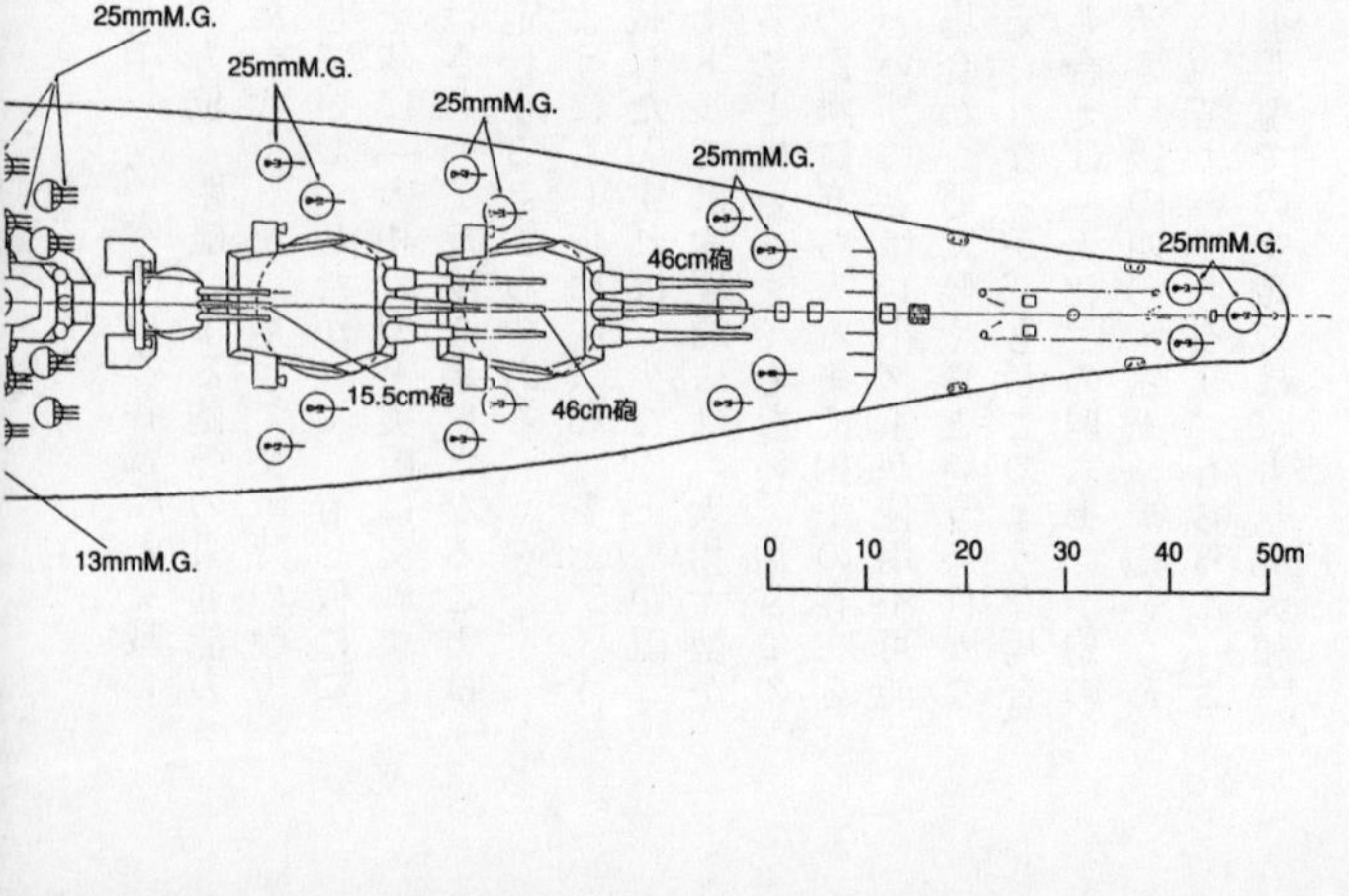
25mmM.G.
25mmM.G.
25mmM.G.
25mmM.G.
46cm砲
25mmM.G.
15.5cm砲
46cm砲
13mmM.G.
0
10
20
30
40
50m

対空兵装強化に改装後の戦艦大和船外側面、上部平面図

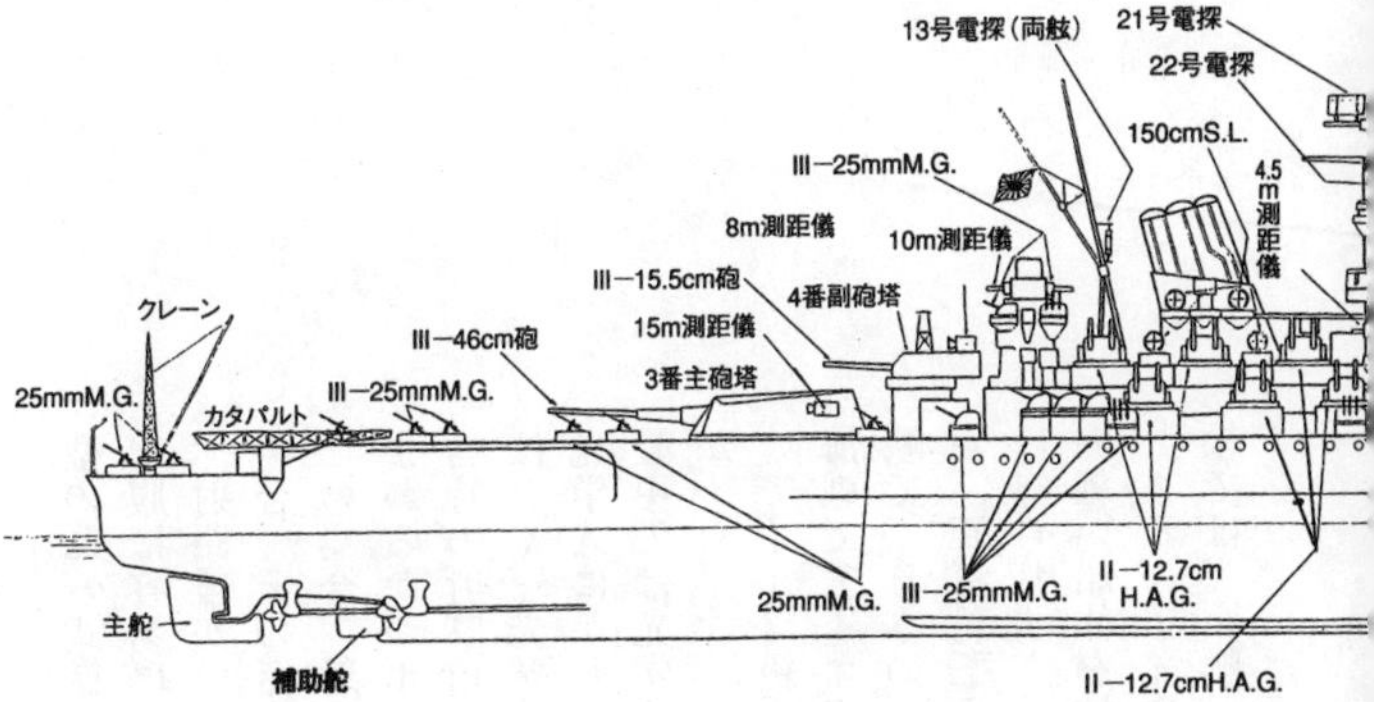

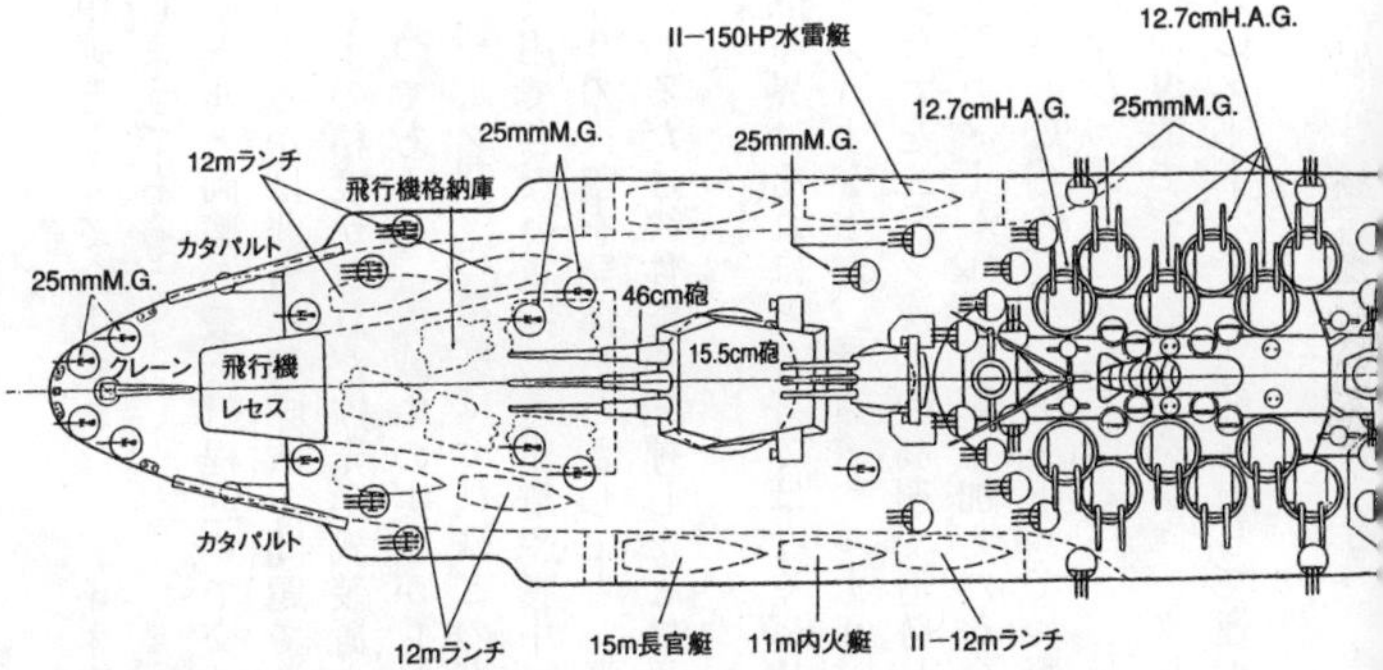

型の九一式徹甲弾が水中弾となって命中すれば、アイオワ級の艦腹は容易に破られてしまうであろう。

射距離が三～四万メートルと両艦の最大射程近くで交戦した場合、その命中率はどうなるかは非常に興味ある問題である。この場合、射撃用レーダーの精度がどれだけ光学式装置をうわまわるかがポイントの一つであろう。大戦中の実績から見ても、当時の射撃用レーダー（マーク78）の精度はそれほどのものではなく、光学式装置の使用できない夜間の遠距離や霧中では、光学式にかわってそれなりの役割を発揮したとしても、通常の昼中では光学式をうわまわるだけの性能を発揮したとは思えなかった。

アイオワ級の主砲の散布界はそれほど良好ではなく、比島沖海戦でアイオワとニュージャージーが、サン・ベルナルジノ海峡で、日本の駆逐艦「野分」を三〇ノットの高速で追跡しながら、距離約三万から三・五万メートルで射撃を加えたが命中弾は得られず、その散布界は三〇〇～三五〇メートルで「野分」の細い船体を捕らえられなかったといわれている。

また、アイオワが戦後の復活でその散布界をチェックした結果では、距離二万二〇〇〇メートルで一六発発射して遠近六〇〇メートル、右左二五〇メートル、距離二万二〇〇〇メートルでは遠近八〇〇メートル、左右三一〇メートルとかなりバラついていることが報告されている。

これから見てもアイオワ級が「大和」型と戦うには、夜間か霧中の悪条件で奇襲的攻撃をかけるか、昼間ならその速力差を利用して三万メートル以内に接近せず、遠距離射撃で交戦しながら有効弾を送り、好機をみて接近して決定打をあたえるしかないといえよう。

一方、「大和」型にしても、シブヤン海での「武蔵」の例のように戦闘の初期に爆弾命中のショックで前後の方位盤が旋回不能となるような思いがけない脆弱性をひめており、このようなことが戦闘中におこれば、もはや勝負がついたも同然である。

「大和」とアイオワ級の変身度

「大和」型もアイオワ級も戦艦としては超一流といえたが、太平洋戦争では戦艦はもはや海上の王者たりえなかった。そのため日本でも「大和」「武蔵」につぐ三番艦の「信濃」は空母に改造されたのは周知のとおりである。「信濃」はその重装甲をいかして、洋上での不沈航空基地としての役割をあたえられ、飛行甲板に一〇〇ミリもの装甲を施して不沈空母として期待されたが、米潜の魚雷四本であっけなく沈んでしまった。

これにたいしてアイオワ級は、一九四一年度予算で三～六番艦の建造をおこない、三～四番艦のミズーリとウイスコンシンは大戦末期に完成して対日戦にかろうじて間に合った。しかし五～六番艦のイリノイとケンタッキーはそれぞれ終戦とともに工事を中止、イリノイはスクラップ、七三パーセントまで建造の進んでいたケンタッキーは工事を中断して放置されてしまった。

このケンタッキーの用途については戦後いろいろと議論があり、その高速性をいかして高速補給艦、または新しいミサイルを主兵装としたミサイル戦艦、さらには指揮艦への変身が考慮されたが、いずれも実現しなかった。

アイオワ級そのものは戦後一時退役したものの、朝鮮戦争の勃発によりふたたび現役にもどり、一九五八年に退役したウイスコンシンを最後に二度目の退役となった。

日本の「信濃」にならってアイオワ級を空母に改造する考えは、持てる国である米国にはなく、事実、その改造は不可能ではないにしても手間のかかる割りには、それほど有力な空母への変身は無理であろう。戦艦と空母では船体構造とスペース配分がまるでことなり、日本の「信濃」のような、簡易艤装でしあげる以外にはあまりいいアイデアはなさそうである。

結果的に一九八〇年代に入ってアイオワ級がその巨砲と重装甲をいかした水上打撃艦として復活したのは、もちろんミサイルによる再兵装化がおこなわれた結果で、そのプラットフォームとしての役目を買われたと見るべきであろう。

しかし、そのアイオワ級も昨今の緊張緩和により、その四隻ぜんぶの退役もささやかれており、「大和」なきあと四五年にわたって存残してきたアイオワ級もその最後がまぢかいかもしれない。

第3章
2

「大和」「武蔵」一〇〇の疑問

雑誌「丸」編集部

■巨大戦艦への質問

軍艦ファンのための「大和」「武蔵」百科事典

①日本海軍はなぜ「大和」級のようなマンモス戦艦の建造にのりだしたのか

昭和十一年、軍縮条約後、米海軍との間に、もうれつな建艦競争を行なわなければならないことを海軍は予想した。しかし、隻数ではとても米国に太刀打ちできないので、当時の戦艦より、はるかにずばぬけた強力な戦艦を、少数、建造しようとしたのである。かくして主砲四六センチが採用され「大和」級の設計建造がはじまった。いいかえれば「大和」は日本の貧しさの落とし子なのである。

②「大和」級の前にも日本海軍は、四六センチ砲を装備した主力艦の建造を計画したというが

「大和」の建造に先立つ一七年前、当時、日本海軍は八八艦隊の建造計画を実行中であったが、この建造計画中、第一三〜一六番艦の四隻は四六センチ砲八門を搭載する巡洋戦艦だった。本級は常備排水量四万七〇〇〇トンで、すでに設計を終了していたが、ワシントン軍縮条約の結果、建造されなかった。しかし本級の設計が、その後の「大和」の建造の技術的基礎をなしたのであった。

③「大和」が起工されるまでの主な経過は

昭和九年十月、軍令部より四六センチ砲搭載の新戦艦設計、研究の要求が海軍省に提出された。

昭和十一年三月、主機械はタービン使用の四軸と決定。

同年三月二十七日、艦政本部は建造費として一隻当たり一億三七八〇万二〇〇〇円を大蔵省に計上。

同年七月二十日、海軍高等技術会議にて、設計番号A140F5として艦型決定。

昭和十二年三月末、艦型が最終的にきまる。

同年八月二十一日、戦艦「大和」の建造命令書が出された。
同年十一月四日、呉工廠にて起工。

④「大和」級の設計に当たって軍令部はどのような要求をだしたのか

軍令部の要求事項は次のとおり。
主砲　四六センチ砲八門以上
副砲　一五・五センチ三連装四基（または二〇センチ砲連装四基）
速力　三〇ノット以上
防御力　主砲弾に対し二万ないし三万五〇〇〇メートルの戦闘距離に耐えること
航続距離　一八ノットにて八〇〇〇カイリ

⑤この軍令部要求により実際に設計ができ上がった「大和」級の性能はどうだったか

主砲　四六センチ砲三連装三基（九門）
副砲　一五・五センチ砲三連装四基（一二門）
速力　二七ノット

防御力　前項とおなじ
航続距離　一六ノットにて七二〇〇カイリ

⑥でき上がった設計は、なぜ、軍令部要求より後退した内容となったのか

軍令部要求のとおりの内容をすべてもりこむと（速力を三〇ノットとすると）、艦型がきわめて大型となり、いろいろと不都合が起きるので、設計にさいして、速力、航続距離をいくらか低下させたのである。

⑦「大和」級の最終設計案では、艦のエンジンは燃料消費量の低減をねらってタービン二基、ディーゼル八基となっていたが、建造のさいに、なぜタービン四基と改められたか

「大和」級に装備予定の一三号型ディーゼルの原型である一一号型ディーゼルは、潜水母艦「大鯨」に装備されたが、故障が続出して計画出力の六割もだせず、また発煙も多く、根本的な欠陥があると考えられた。国の運命を左右する主力艦に、このような不確実な機関を乗せるわけには行かず、いそぎタービン四基にあらためられたのである。

⑧「大和」級の設計がはじめられたとき、日本海軍部内でも建造に反対をとなえた人がいたというが

山本五十六中将（のちの元帥）や大西瀧治郎大佐（のちの中将）、源田実中佐などは、「大和」級戦艦の建造費を航空兵力の充実にふり向けるべきだと主張していた。このような先見の明のある優れた主張も、当時は少数意見だったので無視されたというのが実情であった。

⑨「大和」級戦艦は、全部で何隻建造される予定だったか

日本海軍は全部で五隻の「大和」級戦艦の建造を計画した。すなわち、㊂計画で二隻——第一号および二号艦——これがのちの「大和」「武蔵」である。次いで㊃計画で第一一〇号および第一一一号艦の建造が開始された。第一一〇号艦はのちの空母「信濃」で、第一一一号艦は中止となった。さらに㊄計画で第七九七号艦一隻が計画されたが、計画のみで終わった。

⑩「大和」級の五番艦は、ほかの四隻とどのような点が異なっていたか

五番艦すなわち第七九七号艦は、副砲である両舷の一五・五センチ三連装砲塔を装備せず、高角砲を多数装備することになっていた。すなわち新式の長砲身一〇センチ連装高角砲一〇基二〇門とされていた。

⑪「信濃」及び四番艦が「大和」と異なっていた点はどこか

「大和」の舷側および中甲板甲鈑などはその後の実験でいくらかの余裕のあることがわかったので、舷側甲鈑の厚さを一〇ミリ、中甲板甲鈑を一〇ミリ、砲塔甲鈑の厚さを二〇ミリうすくし、これによって得た重量で、艦底の三重底部分の範囲を拡張した。また旗艦施設も改善され、さらに高角砲は一二・七センチ砲にかわり新式の長砲身一〇センチ連装高角砲六基となる予定であった。

⑫四番艦の運命はどうなったか

四番艦すなわち第一一一号艦は、「大和」に引きつづき呉工廠の造船々渠内で、昭和十五年十一月に起工されたが、開戦直後に建造中止となり、二重底より上方の船体部はただちに解体された。そしてこの二重底の上で潜水艦四隻が建造された。ま

「大和」三番主砲塔

た本艦のために準備された鋼材は、その後、空母「神鷹」の改造工事のさい有効に利用された。

⑬「大和」級はなぜ一番砲のところで、船体最上甲板が一番低くなっていたのか

これは巨大な重量の主砲塔の高さをつとめて下げ、艦全体の重心降下をはかるためである。

⑭四六センチ砲の重量は

四六センチ砲々身一本の重量は一六〇トン、砲塔全重量は旋回部のみで二二〇〇トン（護衛艦一隻の重さ）であった。

⑮「大和」級が主砲を発砲したときの、爆風はものすごかったというが、その防御のためどのような対策がとられたか

四六センチ砲を一斉射撃すると、低仰角で発砲した場合は、前甲板の木板がまくれ「ハンドレール」が曲るほどはげしいものだった。この対爆風対策はとくに入念に計画され、飛行機や艦載艇などはいままでの主力艦とは異なり、すべて艦内に収容するようにされ、また露天甲板には各種の機器や通風筒なども、できるだけ置かないよう設計された。このためいままでの軍艦にくらべ非常にすっきりとした甲板となった。

⑯四六センチ主砲弾は何発搭載していたか

「大和」級の弾丸定数は一門当たり一〇〇発で、そのうち四〇発を弾庫に、六〇発を砲塔内に置いた。四六センチ砲は全部で九門だから、九〇〇発の弾丸を搭載していたことになる。

⑰四六センチ主砲弾の重さは

一発の弾丸重量は一四〇〇キログラムで、装薬は五五キログラム包み六コで三三〇キログラムもあった。

⑱「大和」級の前檣頂部に装備された、光学式測距儀の大きさは

この測距儀の基線長は一五メートルで世界最大のものであった。この測距儀製造の技術が、今日の光学日本の隆盛のもととなったのである。

⑲「大和」級の副砲弾は何発積まれたか

15メートル測距儀

艦の前後部中心線上に置かれた一番砲と四番砲には、おのおの四五〇発、また艦の両舷にある二番砲と三番砲にはそれぞれ三六〇発が積まれ、合計一六二〇発積まれていた。

⑳「大和」級の建造時の対空兵装はどのていどだったか

本級の建造当時の対空兵装は、一二・七センチ連装高角砲六基（一二門）、二五ミリ三連装機銃八基（二四門）、一三ミリ連装機銃四基（八門）であった。この対空兵装は大戦艦としては強力なものとはいえず、戦時中に画期的な大増強をよぎなくされた。航空機の発達を見ればとうぜん副砲を廃止して、もっと高角砲を数おおく搭載すべきで、まことに先見の明のなかったことが惜まれる。

㉑四六センチ砲のほかに「大和」級は列強の戦艦とくらべて、どこに一番の特長があったか

「大和」級は、船体の水線下に船底に達するまでの装甲鈑が装着されていた。これは水中弾の防御のためのものであり、日本海軍は戦艦「土佐」に対する実験の結果、水中弾のおそるべき威力を発見していた。しかし外国はこの水中弾の事実に気づいてなく、そのため建造した諸戦艦は、水線下は魚雷防御のみがほどこされていたのだ。戦後「大和」の調査にきた米国調査団はこの防御を見て、その大げさぶりにあざけり、説明役の日本海軍の造船官たちをあきれさせたという。

㉒「大和」級は、どのていどの損傷を考えて設計されたか

設計当時、考えられたのはつぎのとおり。魚雷一発を受けてもそのまま戦闘を継続し、さらに二発を同一舷にうけても対策を採ったうえ、ただちに戦列に復帰できること。しかしこの場合の傾斜は五度以内とする。

以上の方針で設計された「大和」「武蔵」は、沈没するときにはこの何十倍もの損傷を受けていたのであるから、設計目標以上に十分な防御力を発揮したと見るべきであろう。

しかし、設計当時のこの方針は、航空機の発達を計算に入れなかった先見の明のなかったものといわれても仕方がない。

㉓「大和」級の対砲弾防御はどのようになされたか

舷側部の装甲鈑は中甲板以下を厚さ四一〇ミリとし、二〇度外方に傾斜させた中甲板には、厚さ二〇〇ミリの装甲鈑を装着した。また煙突や給気孔のように、防御甲鈑にある開口部は新発明の蜂の巣甲鈑をはった。

㉔爆弾防御はどのようになっていたか

主要部には、前記のように中甲板に対砲弾用の装甲鈑があるので心配はないが、それ以外の前後部には、最上甲板に三五〜五〇ミリの薄甲鈑を設け、急降下爆撃機の攻撃にたえるものとした。また檣楼、煙突などもそれぞれ爆弾や機銃掃射に対する防御が行なわれた。

㉕対魚雷防御はどのようになっていたか

舷側甲鈑の下方は、船底まで魚雷防御として弾火薬庫側は厚さ二七〇ミリ、機関部側は厚さ二〇〇ミリ甲鈑をもちい、下方をしだいに薄くして艦底部では九〇〜七五ミリとした（これは水中弾の防御にもなった）。

そしてその外方にバルジを設けた。また万一、甲鈑部よりの漏水にそなえ、その内方に二層の水密縦壁を設けた。艦底起爆魚雷に対して、艦艇部も防御して二重底とされ、弾火薬庫部は三重底とされた。

㉖四六センチ砲塔の防御はどのようになっていたか

砲塔の前面は六五〇ミリ、天井は二七〇ミリ、側壁は二五〇ミリの厚さの特殊鋼板の装甲鈑でおおわれていた。

弾薬庫は厚さ五〇〇ミリの装甲鈑で防御され、その外側の船体構造は三〇〇〜二〇〇ミリの厚さの装甲鈑で防御されていた。

㉗「大和」建造のときに発明された蜂の巣甲鈑とはどんなものだったか

煙路へとびこんできた敵弾を、艦内へ入れないようにするために発明されたのが蜂の巣甲鈑だ。

これは厚さ三八〇ミリの装甲鈑に多数の小穴をあけたもので、これを煙路のなかに装着した。

こうしておけば小孔から煙は出て行くが、敵弾はここで阻止されてしまうわけだ。

㉘「大和」級の弱点はどこにあったか

「大和」級の防御上の弱点は、副砲である一五・五センチ三連装砲塔にあった。もともとこの砲塔は「最上」型巡洋艦より陸揚げしたものを、そのまま「大和」級にのせたものであったから、急降下爆撃や水平爆撃により、砲塔の天井部を爆弾が貫通して弾火薬庫で爆発するおそれがあった。

このように副砲のバーベット部の防御に不安があり「武蔵」は建造中に、「大和」は完成後にこの部分が強化されたが完全とはいえなかった。しかしこの弱点は沈没するまで、大事を引き起こす原因には一度もならなかった。

㉙「大和」級の発電機の能力はどのくらいだったか

「大和」級は、六〇〇キロワットディーゼル発電機四基、六〇〇キロワットターボ発電機四基で、合計四八〇〇キロワットの発電能力をもっていた。

これだけの電力があると一〇〇ワットの電球を四万八〇〇〇コつけることができ、一軒で一〇〇ワットの電球五コを使ったとすると、じつに九六〇〇軒の家の電気をつけることができた。

㉚「大和」級で発電機が故障したら、戦闘力に重大な支障を生ずると思うが

「大和」級がもっとも電力を消費する状態は、夜戦において主砲を発砲したときで、その使用電力は三〇六八キロワットであった。前述のように発電力は四八〇〇キロワットだったから、電力の面では十分な余裕があり、たとえ発電機が一度に二基故障しても、戦闘力に支障はなかった。

㉛「大和」の建造に先立って、高速戦艦「比叡」でいろいろな実験が行なわれたというが、その内容は

「大和」級はいままでの日本戦艦と異なり、前檣楼上に測距儀を下においた射撃方位盤が置かれた。「比叡」は改装に当たり、実験のためこの部分を「大和」と同型式にされた。

また檣楼の昼夜戦艦橋の配置および檣楼内昇降梯子も「大和」と同型式のものとされた。応急注排水装置のなかの急速注排水装置も「大和」に使用予定のものが使われた。

㉜「大和」建造費の内訳は

そのほかに火薬庫冷却機としてもちいたターボ冷却機や、主砲用の水圧ポンプをターボポンプとしたことなど、すべて「大和」に装置されるための事前の実験であった。

「大和」についやされた建造費一億三七八〇万二〇〇〇円の内

訳はつぎのとおりである。
船体、機関々係建造費七二一五万六〇〇〇円。
砲熕、水雷、航海、電気、航空関係の造兵費六三二九万九〇〇〇円。
監督諸費および運搬費二三四万七〇〇〇円。

㉝「大和」の建造経過は

起　工　昭和十二年十一月四日
進　水　昭和十五年八月八日
完　成　昭和十六年十二月十六日
建造所　呉海軍工廠

㉞「武蔵」の建造経過は

起　工　昭和十三年三月二十九日
進　水　昭和十五年十一月一日
完　成　昭和十七年八月五日
建造所　三菱重工長崎造船所

㉟当時、わが国で「大和」級を建造できる造船所はどのくら

いあったか

当時、呉工廠、横須賀工廠、三菱長崎造船所の三ヵ所が「大和」型戦艦建造能力を有していたが、実際にはこれらの設備もそうとうに拡張する必要があった。

なるべくはやく五隻の「大和」級をそろえる必要上、神戸の川崎造船所でも設備を拡充して、建造する計画がたてられたが実現しなかった。

㊱「大和」級の修理施設はどのようになっていたか

「大和」級を修理するとなれば、巨大な修理用のドックが必要となるが、当時この修理ドックは呉工廠、横須賀工廠、佐世保工廠の三ヵ所しかなかった。しかし横須賀のものは建造ドックと兼用とされたので、ここで建造がはじまれば修理用に使えなくなるので、早急に修理ドック新設の必要性がさけばれた。

そこで大阪湾の和歌山の北方に、このドックをこしらえて川崎造船所の泉州工場とすることになり、工事がはじめられたが戦艦建造の中止とともにこの計画も中止された。

㊲「大和」の建造に当たって、呉工廠では、どのような準備

「武蔵」の造船船渠（左）

と秘密保持対策がとられたか

まず呉工廠の造船船渠の渠底を一メートルほど掘り下げ、走行起動機の能力は一〇〇トンに増大され、砲熕、製鋼工場および船殼工場は拡大された。造船船渠の周囲は網や棕梠縄でおおわれ、屋根も設けられた。また呉市は厳重な防諜下におかれた。

㊳「大和」級戦艦の主砲はどこで製造して、どのようにしてはこんだか

「大和」級の四六センチ三連装砲塔はすべて呉海軍工廠の砲熕工場でつくられた。

そして呉工廠以外で建造される艦への主砲塔の供給は、あらたに建造された砲塔運搬艦「樫野」に搭載してはこばれた。

㊴「武蔵」の建造中に図面紛失事件があったというが

三菱長崎造船所で本艦の建造中に、一枚の図面が紛失するという事件がおこった。民間造船所だったため、しらべはきわめて厳重で、優秀な幹部技師が何人も逮捕され、憲兵の苛烈な尋問をながいあいだ受けたという。

けっきょくこの事件はある工員が厳重な機密下の仕事にたえ

きれず、この図面を焼却してしまったものらしく、スパイの事実はないことがわかり落着した。

㊵「大和」の主砲の威力は

四六センチ四五口径砲の最大射程は四一キロメートルで、これは東京駅から弾丸を発射すると、大船の先に着弾することになり、このとき弾丸が一番高い所を飛ぶときは富士山の高さの二倍になる。初速は七八〇メートル／秒で三万メートル遠方に垂直におかれた厚さ四三センチの装甲鈑を貫通する能力があった。

㊶「大和」「武蔵」は両艦の主砲を統一して、同時に発射することができたか

「大和」「武蔵」がべつべつに射撃すると着弾観測をたがいに妨害し、射撃速度の低下をきたす。これを防ぎ、また射撃効果をあげるために「武蔵」の射撃指揮所の方位盤で引金を引くと、「武蔵」のみならず「大和」の主砲も同時に発射されるようになっていた(この逆も可能)。これらはすべて無線電波で操作され精巧をきわめた射撃指揮装置で行なわれた。

㊷「大和」級戦艦の戦闘艦橋から、どのくらい遠方の水平線が見えたか

戦闘艦橋から視認できる水平線までの距離は約一万八〇〇〇メートルであった。したがって、その延長線上に「大和」と同型の戦艦がいれば三万六〇〇〇メートルの距離で、おたがいに前檣頂部を発見できるわけだ。「大和」型の主砲の最大射程は四万一〇〇〇メートルだから、艦上からぜんぜん敵を見ることなしに敵艦が撃沈できることになる。

㊸「大和」級の弾丸を一発積みこむのにどのくらいの時間がかかったか

四六センチ砲の主砲弾は、大の男が手をのばさねば弾頭にとどかないほどでこれの積みこみ作業はもちろん機械力でやるが、なかなかの大仕事で、最初の一発を試みに積みこんでみたときは十数分を要したという。これはあとでは訓練の結果、短縮されるようになった。

㊹「大和」級の副砲の性能はどのくらいだったか

本級の副砲は「最上」級巡洋艦の主砲だったもので、一五・五センチ三連装砲塔四基がそなえられた。この砲はきわめて優れたもので、最大射程は二万七〇〇〇メートルで、東京駅からこの砲を発射すれば横浜までの砲撃が可能であった。発射速度は毎分七発の割合で、射程一万五〇〇〇メートルで厚さ一〇センチの鋼板を打ちくだくことができた。

㊺「大和」級の旋回運動能力は

「大和」級が全速で走っているとき、舵をいっぱいに切って、艦を一回転させると、その旋回の直径は約六四〇メートルであった。

㊻「大和」の運動性能は

全速で走っていて、艦を停めたいときは、投錨地点の約四キロメートル手前でエンジンをとめなければならなかった。また旋回しようとしても、舵は一分四〇秒もたってわすれたころにききはじめるといったぐあいであり、小廻りをきかせた格闘戦はにがてであった。

㊼「大和」級の凌波性は

いまの強風警報ていど（風速一五メートル／秒位）の天候でも全速航行にはさしつかえなかった。また九〇メートルぐらいの波高の大波にあっても（これは太平洋での大波の記録）ビクともしなかった。

㊽「大和」は一航海でどのくらい走れるか

「大和」級は設計時には速力一六ノットで、七二〇〇カイリの航続距離を要求されていたが、実際に公試運転を行なってみると一六ノットで一万二〇〇〇カイリという性能となった。そこで戦時中重油搭載量を約一〇〇〇トン減じて（それまでの重油搭載量は六万三〇〇〇トン）その重量で副砲などの防御力を強化した。したがって、戦争末期の「大和」の航続距離は一六ノットで一万カイリだったと推定される。

㊾「大和」級の艦内連絡はどのようにして行なったか

「大和」級の艦内連絡は伝声管、艦内電話、空気伝送管などの設備により行なわれた。そのうち伝声管と空気伝送管のように、隔壁や防御甲鈑にあなをあける必要があり、防御上不都合なので極力、減少されて、艦内電話の充実がはかられ、四九一本の直通艦内電話が設置されていた。

⑩「大和」級のエレベーターの規模は

前檣楼のなかに大きなエレベーターがつけられていた。これは上甲板から檣楼の頂上(水面から四五メートル、ビルなら一五階ぐらいの高さ)まで通じていて、一五人乗りであった。

⑪「大和」級の艦内の居住性はどうだったか

「大和」級の居住区は、兵員一人当たりの床面積は三・二平方メートルである。また兵員の休息という見地から、できるだけ吊床をへらして寝台を増加する方法がとられ、三分の一ぐらいは寝台で寝られることになっていた。艦内にはエアコンディショニング装置がほどこされ「大和」級は日本軍艦のなかで、もっとも居住性の良い艦といえよう。

⑫「大和」級の艦内温度はどのくらいだったか

室内温度は冬で摂氏二三度、夏は摂氏二六度でじつに快適だった。

昭和18年5月、トラック泊地内の連合艦隊旗艦「武蔵」(右)、「大和」

㊸「大和」級に不具合な点はなかったか

搭載兵器があまりにも精巧で、「武人の蛮用」に適さないむきもあったのではないかとか、ちょっと高速を出すと水中探信儀は用をたさないとか、主砲を発射すると、機銃の発射は邪魔されてこわれるという欠点をあげる乗組員もいる。

㊹「大和」と「武蔵」が連合艦隊旗艦だった時期は

「大和」は昭和十七年二月から昭和十八年二月十日まで、連合艦隊軍令長官山本五十六大将の旗艦であった。山本司令長官は二月十一日、旗艦を「武蔵」に移した。四月、山本長官の戦死後、連合艦隊司令長官は古賀峯一大将となったが「武蔵」はいぜんとしてその旗艦であった。昭和十九年三月、古賀長官は遭難殉職したが、その直後に連合艦隊旗艦の任をとかれた。

㊺戦時中、連合艦隊司令部はなぜ「大和」や「武蔵」を旗艦として使用するのをやめたか

強大な砲力を持する本級を、連合艦隊司令部が旗艦としていては、最前線で有効に使うことはできない。また、連合艦隊司令部は日本本土から、全般の指揮をとる必要があった。このようなわけで昭和十九年春に本級は第一機動艦隊に編入され、空母の対空護衛任務についたのである。本級が本当の意味で戦闘にくわわったのはこのときからである。

⑯「大和」が参加した海戦は

ミッドウェー海戦、あ号作戦（マリアナ沖海戦）、捷号作戦（比島沖海戦）、天一号作戦（沖縄特攻）。

⑰「大和」が最初に米軍から攻撃を受けたのは

昭和十八年十二月二十四日、「大和」はラバウルへ行く陸軍将兵約一〇〇〇名を護送中、トラック環礁西方一八〇カイリのところで米潜スケートの雷撃を受け、魚雷一発が命中した。これが「大和」がはじめて米軍よりうけた最初の攻撃だが、「大和」はびくともしなかった。

⑱「大和」の主砲を米艦隊へ発砲したことがあるか

昭和十九年十月二十五日、捷号作戦によりレイテへ進撃中の栗田艦隊のまえに突然、六隻の護衛空母を中心とする米艦隊があらわれた。「大和」は完成以来、初めて、四六センチ砲を米艦隊に向けて、三万三〇〇〇メートルの大遠距離から射撃を開始した。この射撃により、駆逐艦ホエルは粉砕され、ジョンストンを大破せしめ、護衛空母にも大損害をあたえた。このサマール沖海戦が「大和」が主砲を米艦隊に発砲した唯一の戦闘であった。

59「大和」の最後のもようは

昭和二十年四月七日、天一号作戦により沖縄へ突入せんとしたが、坊ノ岬の二六〇度九〇カイリ付近で米海軍機延べ約一〇〇〇機の反覆雷撃を受けついに沈没した。命中魚雷一二本、命中爆弾大型七発、小型無数、至近爆弾多数という記録が残っている。

60「大和」が沖縄で沈没したとき、この攻撃に当たった米軍機の勢力はどのくらいだったか

「大和」攻撃に当たった米機動隊部は三部隊で、それぞれの攻撃機数はつぎのとおりだった。

第一機動群（クラーク隊）　一一三機

第三機動群（シャーマン隊）一六七機
第四機動群（ラドフォード隊）一〇六機
計　三八六機
これを機種別に見ると、
戦闘機……一八〇機
爆撃機……　七五機
雷撃機……一三一機
計　三八六機

㉑「大和」の最後のときの乗員数は

艦長以下三三三二名。救助されたものはわずかに二一〇名といわれている。

㉒「大和」の最後を見まもった軍艦は

駆逐艦「涼月」「冬月」「雪風」「初霜」の四隻。

㉓「大和」の沈没地点は正確にわかっているのか

日本側の記録では北緯三〇度四三分、東径一二八度四分であり、一方、米国側の記録は日本側のものとおなじものと、もう

「大和」最期の時。写真内の3隻の駆逐艦は左から「霞」「初霜」「冬月」

一つは北緯三〇度五四分、東径一二八度一〇分とくいちがった記録も発表されている。

64 「武蔵」が参加した海戦は

あ号作戦（マリアナ沖海戦）、捷号作戦（比島沖海戦）。

65 「武蔵」のレーダー探知および聴音能力は抜群だったか

「武蔵」乗組員の猛訓練の結果、飛行機は二六〇キロメートルで発見し潜水艦の魚雷発射音なら五〇〇〇メートル以上で、確実に探知するようになるという見事な成果をあげた。

66 「武蔵」が最初に米軍の攻撃を受けたのは

昭和十九年三月二十九日、パラオ港外で本艦は、米艦タニーの雷撃により艦首部に損傷を受けた。損害は軽微で速力が一ノット落ちて二六ノットになったにすぎなかった。これが「武蔵」に対する最初の米軍の攻撃である。

67 「武蔵」の最後は

昭和十九年十月二十四日、栗田艦隊に属して捷号作戦に従事中、シブヤン海にて米海軍機延べ一五〇機以上の攻撃を受け沈没。命中魚雷二〇本以上、命中爆弾一七発以上、至近爆弾二〇発以上の被害を受けたが、主要防御区画は最後まで完全であった。

⑱「武蔵」の最後をみとった軍艦は

駆逐艦「清霜」と「浜風」が最後までつきそっていた。

⑲沈没当時の「武蔵」の乗組員数は

捷号作戦に出撃したときの「武蔵」の乗組員は二三九九名（準士官以上一一二名、下士官兵二二八七名）であったが、戦闘により一二四八名が戦死した（準士官以上一六名、下士官兵一二三二名）。また行方不明は七七五名（準士官以上二三名、下士官兵七五二名）となり、生存者は約半分強の一三七六名（準士官以上七三名、下士官兵一三〇三名）であった。

⑳「武蔵」の沈没地点は正確にわかっているのか

日本側の発表では、北緯一三度七分、東経一二二度三二分となっているが、米軍の記録では北緯一二度五〇分、東経一二二

沈没直前の「武蔵」

度三五分と「大和」とおなじようにくいちがっていて、正確な沈没地点はわからない。

⑪「大和」「武蔵」が実戦でもっとも大砲を撃ったのは、比島沖海戦というが何発撃ったのか

「大和」主砲……約一七〇発
　　　副砲……三八三発
「武蔵」主砲……五八発
　　　副砲……二三発

⑫「大和」「武蔵」は戦時中どのような改造が行なわれたか

兵器関係——対空兵装の増強、レーダー、哨信儀（赤外線による敵味方識別装置）、水中聴音器の装備、無線の改正など。

防御関係——水雷防御の不備にたいする改正、応急舵および故障舵もどし装置の設置、可燃物の局限、消防ポンプの増強、重油タンクの改正など。

その他、居住および通信装置の改正、通風強化と居住の簡易化など。

⑦③「大和」級は戦時中にどのくらいのレーダーを装備したか

あ号作戦のとき（マリアナ沖海戦）にはつぎのようなレーダーがつけられていた。

二一号電探一組（空中線のみ二組）……対空見張用

二二号電探二組……対水上見張用

一三号電探二組……対空見張用

⑦④「大和」級は戦時中にどのように対空兵装が増強されたか

昭和十九年春、本級は両舷の一五・五センチ三連装砲三基が撤去され、対空兵装がつぎのように強化された。

「大和」……一二・七センチ連装高角砲一二基、二五ミリ四連装機銃二四基、二五ミリ単装機銃二五基、一三・七ミリ四連装機銃二基。

「武蔵」……一二・七センチ連装高角砲六基、二五ミリ三連装機銃三〇基、二五ミリ単装機銃二五基、一三・七ミリ四連装機銃二基。

⑦⑤「信濃」はなぜ空母に改装されたか

ミッドウェー海戦での敗戦の結果、海軍の主力は戦艦ではな

空母「信濃」

く空母であることがはっきりと認められ、空母の増強が最重要となった。そこで「大和」型の三番艦として、横須賀工廠で建造されていた「信濃」は、ちょうど船体部ができつつあったので、これを利用してマンモス空母に改造することとなった。

⑯「信濃」の建造経過は

起　工　昭和十五年五月四日
進　水　昭和十九年十月八日
完　成　昭和十九年十一月十九日
建造所　横須賀海軍工廠

⑰「信濃」の空母としての特長は

(1)、ミッドウェー海戦のにがい経験にもとづき、日本空母としてはめずらしく開放型格納庫方式とした。
(2)、五〇〇キログラム爆弾に耐えるように飛行甲板のほとんど全部に、厚さ七四ミリの装甲鈑をつけた。
(3)、飛行機用のエレベーターにもおなじ装甲鈑が装着された。これによって前部エレベーター（攻撃機用）は一八〇トン、後部（戦闘機用）は一一〇トンという大重量のものとなった（日本空母でエレベーターを防御したのは「信濃」だけ）。

⑱「信濃」は当時、世界一のマンモス空母だったのに、搭載機数が非常に少なく、わずか四七機だったのはなぜか

本艦はいままでの空母と使用方法が異なり、海軍は機動部隊よりさらに前方に置いて、後方の空母より発進した飛行機を本艦に着艦させ燃料、爆弾あるいは魚雷を急速に補給のうえ、発進させようとした。すなわち、洋上の移動航空基地である。このため「信濃」は重防御にされるとともに、自艦の搭載機数がわずか四七機と少なかったのである。

⑲「信濃」の進水のときに事故があったというが、どんなものか

本艦は横須賀工廠の船渠内で建造されたが、昭和十九年十月五日に船渠に海水を注水する進水式が行なわれた。ところが船渠内の海水面が一メートルも低かったので、突如として船渠扉船が浮かび上がり、そとの海水が浸水してきた。このため「信濃」は水流に流され、船渠前壁に衝突し、つぎに後方にバックするという運動を何回も行なった。このため艦首とビルジキールの一部に破損を生じ、修理せねばならなかった。

⑳なぜ船渠扉船がとつぜん浮かび上がったのか

注水に先立って船渠扉船の内部に、バラストとして海水を入れておくのをわすれたためである。このため扉船が浮かび上がったという、まことにばかばかしい出来事だった。これはまた「信濃」の不運を象徴したようなものであった。

⑧①「信濃」は完成直後に、あっけなく沈没してしまったというが、その最後の模様は

本艦は昭和十九年十一月十九日に横須賀工廠で完成したが、B29の爆撃を避けるため、十一月二十八日に瀬戸内海に向けて出港した。本艦は有力な駆逐艦に護衛されていたが、二十九日三時二十分、潮ノ岬の一〇〇度約九五カイリの所で、米潜アーチャーフィシュから四本の魚雷を右舷に受けた。このため約七時間後についに沈没してしまった。

㉜「信濃」はなぜわずか四本の魚雷が命中しただけで沈んでしまったのか

本艦は昭和二十年二月に竣工の予定だったが、最後の決戦に間にあわせるため、十九年七月末に「十月十五日」までに完成させるように命令された。このため各種の工事が省略されて、期日までに完成させようとしたが、その中には艦内各区画の気密試験の省略もふくまれていた。この試験を行なうと一ヵ月も完成がのびるからである。このためわずか四本の魚雷が命中しただけだが、水密性が不完全だった本艦は浸水が拡大してついに沈没してしまった。また乗員が本艦に不慣れなため、適切な処置がとれなかったことも原因している。

⑧③「大和」級は設計・建造に当たって秘密のていどがきわめて厳重だったというが、どのようなものだったのか

日本海軍の秘密区分は「軍機」「軍極秘」「秘」「部内限」の四段階にわけられてあったが、「大和」級は、最高の「軍機」あつかいに指定された。それまでの日本の軍艦をつくったときの最高機密が二番目の「軍極秘」あつかいだからいかに高度の機密保持が要求されたかよくわかる。このほかに「軍機」あつかいになったものに、艦艇では特殊潜航艇があり、他の部門では酸素魚雷がこれに該当した。

⑭工事関係者に対する機密保持対策はどのようになされたか

まず工員の身元調査が厳重に行なわれ選抜されて担当工員に内定すると、つぎに海軍大臣に申告し、居住地区は呉の町(「大和」の場合)にかぎられた。つぎに秘密保持にかんする宣誓の上、胸につける氏名、番号、写真の入ったマークがわたされ、工事場にはいるには守衛所で名簿と照合したうえ、首実検されねばならなかった。これは工員だけではなく、工事に関係する士官や技師も同じだった。また工事関係者といえども艦の要目を知っているのは、各部の最高責任者のみであった。

⑮「武蔵」建造に当たっての機密保持は、どのようになされたか

三菱長崎造船所は民間会社だったから、工事関係者の身元調査は「大和」の場合よりいっそう厳重だった。船台のまわりのガントリークレーンには一面に棕梠縄でおおわれた。

この延長は二七〇〇キロメートル(東京、長崎間を往復してさらに京都までとどく)、四〇〇トンで、このため一時は九州のどこにも縄がなくなり、漁業関係者が恐慌を来たしたという。

また大型の望遠鏡を有する監視所をもうけて、「武蔵」を建造中の船台が見えそうな場所を徹底的に監視した。一方、対岸のソ連領事館のまえには倉庫をつくり目かくしをしてしまった。

⑯進水重量の世界記録は「武蔵」だというが

船の進水重量の世界記録を見ると一番大きなものは一九三四年に英国で進水した客船クイーン・メリーで三万七二八七トンである。二番目は三菱長崎で進水した「武蔵」で三万五七三七トンである。しかしクイーン・メリーは進水をやりやすくするために、バラストとして約二〇〇〇トンの水を積みこんで進水させたので実際の船体の重量は三万五二八七トンとなる。したがって実際の船体の進水重量では「武蔵」の方が大きく世界記録といわれるゆえんである。

⑰「武蔵」の進水関係諸設備はどんな規模だったか

「武蔵」を進水させるためには二つの進水台が必要だが、これはそれぞれ長さ八八〇フィート、幅一三フィートで世界最大のものであった。また、この上にしいたヘット（牛脂）の量は一八トン、その上に流した菜種油が七トン、軟石鹼は二トンとい

縮力が生ずるので、これに耐えるような強さにされた。

としまた進水時いちばん力がかかるときは、七八七〇トンの圧う膨大なものであった。進水台の表面は曲率半径一万メートル

⑱「武蔵」の進水により長崎港にどんな影響をおよぼしたか

本艦の進水により長崎港の立神桟橋付近では、進水直後の約一〇分間のあいだに海面の上昇は三〇センチにも達し、波高五八センチの波を生じたのである。

そして船台の対岸では一時的に発生した高潮のため、海岸の人家は床上浸水した。

また、ある地域ではドブ川の水位が約一フィートも上昇したという。

⑲「大和」ができてから四七年たったわけだが、いまでも「大和」は軍艦史上最大の戦艦なのか

そのとおりである。「大和」につぐ大きさの戦艦は米国のアイオワ級で、基準排水量四万五〇〇〇トンだから「大和」の六万四〇〇〇トンは、人間がつくった最大最強の戦艦として後世につたえられるだろう。

90 「大和」と、タンカー「出光丸」（二〇万トン）とを大きさでくらべると、どうなるか

	「大和」	「出光丸」
全　長	二六三メートル	三四二メートル
幅	三八・九メートル	四九・八メートル
深　さ	一八・九一五メートル	二三・八メートル
吃　水	一〇・四メートル	一七・六メートル
機関出力	一五万馬力	三万三〇〇〇馬力
速　力	二七・四六ノット	一六・三五ノット
乗　員	二五〇〇名	三二名

となるが、トン数は、軍艦とタンカーとでは性質がぜんぜんちがうので、比較の対象にはできない。

91 「大和」級は大きさが世界一ということではなく、むしろあれだけの小さなトン数でまとめられた点が、日本海軍の誇りだといわれているが

「大和」の性能をもりこんでふつうに戦艦を設計すると、約七万五〇〇〇～八万トンになるといわれている。これを日本海軍

「大和」誕生の呉海軍工廠第4船渠

はわずか六万四〇〇〇トンでまとめあげたのである。だからこれだけの小さな戦艦で、あれだけの攻撃力、防御力、速力を持っていたということを自慢すべきなのだ。

㉒「大和」を一隻建造するのに、どのくらい建造費がかかったか

昭和十一年三月に海軍艦政本部がまとめた「大和」級一隻の建造費は、総額一億三七八〇万二〇〇〇円であった。現在に換算すると、この一〇〇〇倍の約一三七〇億円を要するというのが専門家の見かたである。

㉓「大和」の建造予算はどのようにして獲得されたのか

「大和」建造の正確な金額がわかれば艦の大きさ性能が明らかとなってしまう。そこで、海軍省は排水量四万二〇〇〇トン、九四式四〇センチ砲九門として予算を要求し、たりないぶんは架空の駆逐艦や潜水艦を建造することとして予算をとった。

またトン当たりの費用をおおめに、建造する特務艦や敷設艦なども実際より四〇〇〇トンくらい大きいことにしてこの建造費を横流ししたりした。

⑭「大和」と「武蔵」は完成したとき、相違点はあったか

「大和」「武蔵」の建造中に、連合艦隊より旗艦としての軍令部施設を拡充するよう要求があったが、「大和」の工事は進みすぎていたので、「武蔵」のみがこれにもとづいて改良された。したがって艦の内部は両艦で大いに異なっていたが、外観では前橋後部のラッタルなどの設備のようすがいくらかちがっていた。また艦尾のクレーンの、支柱のトラス構造にいくらかの差異があった。その他はまったくおなじなので、ちょっとはなれれば両艦の識別はなかなかつきにくかった。

⑮戦争後期の「大和」「武蔵」の識別点はどこか

昭和十九年春の対空兵装強化のおり、「大和」は一二・七センチ連装高角砲六基が増設されたが、「武蔵」に増備すべき高角砲の準備がまにあわなかったので三五ミリ三連装機銃六基が高角砲設置場所に臨時におかれた。しかし最後までこの点は改正されなかったので、両艦の識別の有力なキメ手となった。

⑯世界で最初に四六センチ砲を搭載した軍艦は「大和」か

はじめて四六センチ砲（一八インチ砲）を搭載した軍艦はわが「大和」ではなく、第一次大戦中の一九一七年に英国が完成させたハッシュ・ハッシュ・クルーザー・フューリアス（四六センチ砲一門、一万九一〇〇トン）である。ただし本艦の四六センチ砲は四〇口径であり、「大和」の四六センチ口径砲とは、その威力に格段の相異があった。

⑨⑦砲塔運搬艦「樫野」とはどんな艦か

戦前、日本には砲塔運搬艦として「知床」一隻があったが、これは四〇センチ砲までしか運搬できなかった。そこで「大和」級の四六センチ砲塔をはこぶために、「樫野」が建造されることになり、昭和十五年七月に長崎で竣工した。本艦は四六センチ砲塔一基、同砲身三本、砲塔用甲鈑などを輸送できるように計画され、将来、五〇センチ連装砲塔を運搬することも考えられていた。基準排水量は一万三六〇トンで、船体外板は二重とし、もし坐礁しても、艦内に浸水しないように考えられていた。

⑨⑧米海軍が「大和」級のだいたいのようすを知ったのは、い

つだったか

米海軍は日本が戦艦を建造したことは知っていたが、まさかこんな巨艦だとは思っていなかった。「大和」も「武蔵」も米艦の雷撃を受けたけれども、米潜の艦長たちも、たんに新式戦艦を攻撃したとしか報告していない。

米軍がはっきりと「大和」級を見たのはマリアナ沖海戦のときだが、その概要をつかんだのは比島沖海戦のときであった。しかし、米軍が完全に「大和」の実態をつかんだのは戦後のことである。

⑨⑨「大和」級を最初に見たアメリカ人はだれか

アメリカ人ではじめて「大和」級を見たのは、潜水艦スケートの艦長E・B・マッキーニー中佐で、一九四三年のクリスマスの夜、トラック島の北方であって、これが「大和」だった。

⑩⓪「大和」「武蔵」を引き揚げることはできないか

「大和」は約四〇〇メートル、「武蔵」は約六〇〇メートルの海底に沈んでいるが、現在のサルベージ技術では五〇メートル以上の深さに沈んでいる船の引き揚げは不可能なので、「大和」「武蔵」の引き揚げは断念せざるをえない。しかし、将来、バチスカーフ潜水艦などが発達すれば、両艦の引き揚げも実現するときがくるかもしれない。

50センチ砲戦艦『超大和型』が描く白昼夢——雑誌「丸」平成十一年九月号

対米決戦の先兵「スーパー巡洋艦」計画案——雑誌「丸」平成十一年九月号

軍縮の嵐に没した「幻のリヴァイアサン」——雑誌「丸」平成十一年九月号

謎の設計・夢の戦艦・幻の12万屯巨艦——雑誌「丸」昭和三十七年七月号

超大戦艦「ソビエツキー・ソユーズ」を完成せよ！——雑誌「丸」平成六年四月号

20世紀の華『大艦巨砲の艨艟』盛衰期——雑誌「丸」平成二年九月号

第2次大戦『重防御艦』列伝——雑誌「丸」昭和六十三年八月号

世界最大〝赤城級姉妹〟大変身の秘密——雑誌「丸」昭和六十一年二月号

最後の戦艦『アイオワ級』vs.超戦艦『大和』テクニカル徹底比較——雑誌「丸」平成二年九月号

軍艦ファンのための『大和・武蔵』百科事典——雑誌「丸」エキストラ版・昭和六十三年四月号

ＮＦ文庫

幻の巨大軍艦　新装版

二〇二〇年五月二十四日　第一刷発行

著　者　石橋孝夫他

発行者　皆川豪志

発行所　株式会社　潮書房光人新社

〒100-8077　東京都千代田区大手町一-七-二

電話／〇三-六二八一-九八九一代

印刷・製本　凸版印刷株式会社

定価はカバーに表示してあります

乱丁・落丁のものはお取りかえ致します。本文は中性紙を使用

ISBN978-4-7698-3168-6　C0195

http://www.kojinsha.co.jp

NF文庫

刊行のことば

第二次世界大戦の戦火が熄《や》んで五〇年――その間、小社は夥しい数の戦争の記録を渉猟し、発掘し、常に公正なる立場を貫いて書誌とし、大方の絶讃を博して今日に及ぶが、その源は、散華された世代への熱き思い入れであり、同時に、その記録を誌して平和の礎とし、後世に伝えんとするにある。

小社の出版物は、戦記、伝記、文学、エッセイ、写真集、その他、すでに一、〇〇〇点を越え、加えて戦後五〇年になんなんとするを契機として、「光人社ＮＦ（ノンフィクション）文庫」を創刊して、読者諸賢の熱烈要望におこたえする次第である。人生のバイブルとして、心弱きときの活性の糧《かて》として、散華の世代からの感動の肉声に、あなたもぜひ、耳を傾けて下さい。